邊緣AI

使用NVIDIA Jetson Orin Nano開發具備
深度學習、電腦視覺與
生成式AI功能的 **ROS2機器人**

序 PREFACE

AI 的下一個里程碑

人工智慧的整體發展可以用「基礎更穩、應用更廣、潛力更深」來概括。如果說 2024 年是 AI 產業快速進化的「原始年」，那麼今年則更聚焦於「鞏固基礎建設」與「深化生成式 AI 在產業中的落地應用」。隨著 OpenAI 推出 ChatGPT，AI 已迅速融入每個人的日常生活，這股浪潮的速度與規模遠超十年前的物聯網革命。

從 AI 代理（agentic AI / AI agent）的角度出發，AI 現在不僅能跨領域完成長流程任務，還能處理複雜的開放性問題，展現出高度的靈活性。同時，多模態技術與自動化工作流程也在 2025 年日益成熟，正如我們人類運用所有感官來感受這個世界，AI 模型也早已不再只侷限於文字，而是開始理解並處理影像、語音、程式碼等多元資訊。

在硬體方面，算力發展仍受摩爾定律影響，儘管增速逐漸趨緩，但專用 AI 晶片的進步正在突破運算瓶頸，並驅動整體技術進化。學術研究與產業應用的合作越發緊密，許多創新成果能在短短半年至一年內迅速轉化為商業產品，帶來技術應用的「倍數級增長」。

除了大型模型的應用，小型語言模型與邊緣運算裝置的崛起也是耀眼的領域。特別是搭載 NVIDIA Jetson 系列晶片的邊緣運算裝置，能在算力有限的環境下運行複雜的 AI 演算法，讓機器人具備更高的智慧與靈活性。隨著各大科技巨頭紛紛推出易於使用的 AI 開發工具，標榜 Low code 甚至 No code，過去深奧的技術變得簡單親民，許多教育應用也應運而生，讓學生與初學者能夠輕鬆體驗 AI 技術的魅力。

政府對於 AI 發展的支持力度也日益增大。例如，賴總統提出智慧科技島與國家希望工程願景，經濟部長郭智輝更立下目標，要在

2028 年培育 20 萬名 AI 工程師。敝團隊參與多年的 AIGO 高中職生 AI 扎根計畫，每年吸引全台上千名學子參與，足見政府在推廣 AI 教育與人才培育上的投入決心。

延續 CAVEDU 對於機器人的熱愛，也適逢 NVIDIA 在 2019 年推出了非常適用於教學的 Jetson Nano 單板電腦，我們在 2021 年寫好了本書的第一版《**初學 Jetson Nano 不說 No：CAVEDU 教你一次懂**》。這些年來，AI 的領域可以說是突飛猛進，發展速度令人驚嘆。而本書的全新版本正是對這五年 AI 成就與技術發展的致敬。

本書整合了四大領域：機電控制、深度學習影像處理、ROS2 進階機器人控制與最熱門的生成式 AI，這些技術都可以在體積小巧卻功能強大的 Jetson Orin Nano 上實現，讓人不禁感嘆技術的奇妙與潛力。追求高階技術的同時，CAVEDU 也始終秉持投身科技教育的初心，致力於為初學者提供合適且循序漸進的優質學習內容。希望本書不僅能幫助讀者了解最新的邊緣運算技術，還能啟發更多人探索 AI 的無限可能性，讓這些技術真正落地，創造價值。

這段美好旅程中，很高興有您的支持與鼓勵。

曾吉弘博士 CAVEDU 教育團隊
NVIDIA Jetson AI 白金大使

前言 FOREWORD

NVIDIA 執行長黃仁勳在 2025 年 1 月的 CES 展上表示：「**機器人的 ChatGPT 時刻即將到來。**」這句話清楚點出未來 AI 發展的方向與無窮潛力。NVIDIA Cosmos 的世界基礎模型平台（World Foundation Model Platform）目標是加速物理人工智慧（Physical AI）系統的開發，例如高度仰賴物理正確性的機器人和自動駕駛車輛。所謂的「機器人的 ChatGPT 時代」意指所有機器人系統（不僅限於人型機器人）都能藉由大型語言模型（LLM）與人類實現更自然、更有效的互動。黃仁勳指出，與 ChatGPT 等 LLM 類似，世界基礎模型將成為推動物理 AI 發展的基石。為此，NVIDIA 推出了 Cosmos 平台，使開發者能輕鬆掌握機器人技術，進一步普及物理 AI 的應用。

深度神經網路在近年 AI 領域掀起了一場變革，彷彿任何技術只要搭配神經網路，就能突破限制成為可能。雖然這類技術仍有一定的挑戰與瓶頸，但進步之快、應用範疇之廣，已達到令人驚嘆的地步。早期使用 AI 工具需要高度的數理知識與資料運算技巧，而如今，AI 技術已從 AIaaS（AI 即服務）進一步演進為 AIaaP（AI 即產品）。這意味著，不論技術背景如何，任何人都可以找到適合自己的工具套件，並將 AI 技術快速整合到專案中。曾經遙不可及的高端技術，如今已成為人人可用的日常工具。

本書整合了**機電控制**、**深度學習影像處理**、**ROS2 進階機器人控制**與**生成式 AI** 等四大領域，帶領您進入目前最熱門的邊緣 AI 世界。搭配 NVIDIA Jetson Orin Nano，您將學會如何在一個小型卻功能強大的裝置上實現多樣化的應用。本書內容兼顧基礎與進階，不僅適合新手，也能滿足開發者進一步探索技術深度的需求。

作者阿吉在演講中常提到：「需求才能體現技術的價值。」AI 的力量在於解決以往無法解決的真實困境，而技術的成就感來自於滿足需求的過程。讓我們攜手找出 AI 能幫助解決的問題，並藉由這本書踏上邊緣 AI 技術的旅程。

本書是為誰所寫

　　本書目標讀者是針對學生、機器人玩家、專業人士，以及對於生成式 AI、深度學習技術有興趣的所有人。同時，本書也特別適合那些希望將程式設計、影像處理、深度學習神經網路與機器人控制帶入課堂的學習者與教學者。本書的每個章節都配有實作範例，搭配當前最流行的 Python 程式語言，能延伸出非常豐富的應用。一些看似簡單的點子，或許就能幫助學生完成期末專題，甚至啟發新創公司構思出一項嶄新的產品，用現成資源打造創新的解決方案。

　　此次更新版本還加入了 ROS2 機器人系統與生成式 AI 的專章，涵蓋當前最熱門的技術領域。ROS2 的引入不僅提升了機器人的穩定性與可擴充性，也讓開發者能更輕鬆地應對複雜的機器人控制任務。而生成式 AI 專章則展示了如何在邊緣運算裝置上運行大語言模型與圖像生成應用，這些進階功能為機器人的互動性與智慧化開啟了更多可能性。本書的內容不僅適合初學者學習，還為進階開發者提供了豐富的技術指南，幫助讀者掌握最新技術潮流。

如何開始

1. NVIDIA Jetson Orin Nano 開發者套件，1 套。
   第 6 章部分範例需要耗用更大的記憶體，所以無法透過 Jetson Orin Nano 執行，但本書絕大部分範例都可在 Jetson Orin Nano 有相當好的執行效果

2. 桌上型電腦或筆記型電腦，1 台。用於連線到 Jetson Orin Nano 後進行相關操作，電腦規格不用太好，作業系統也不限制。

3. 如要將 Jetson Orin Nano 作為一般桌上型電腦使用，請準備具有 Display port 接頭的螢幕、鍵盤與滑鼠（2. 3. 二者擇一即可）

4. USB 網路攝影機，1 組，例如 Logitech C270。

5. 第 5 章 ROS2 中的機器人平台，是以 Jetson Orin Nano 為核心搭配 MCU 開發板（例如 Raspberry Pi PICO）作為下位機的多輪移動平台。請參考 https://robotkingdom.com.tw/product/rk-6wheels-mobile-platform/

什麼是 Orin Nano Super

2024 年 12 月 17 日，NVIDIA 執行長黃仁勳從自家烤箱裡拿出了 Jetson Orin Nano Super，這是從 2023 年初 Jetson Orin Nano 首發之後，嵌入式 AI 開發者社群期待已久的更新版本。作為 NVIDIA Jetson 系列專為邊緣運算與 AI 推理應用所設計的單板電腦，Jetson Orin Nano Super 在算力上實現了重大飛躍，並進一步強化了功耗控制，適用於持續運行的低功耗應用。這為 AI 開發者提供了一個功能強大、能效比極高的平台。

2025 年 1 月，NVIDIA 再次推出 JetPack 6.2 軟體更新，讓 Jetson Orin Nano 與 Jetson Orin NX 兩款產品都能啟用 MAXN Super

模式。在此模式下，Jetson Orin Nano 的算力維持提升 1.7 倍，而 Jetson Orin NX 的算力更是大幅提高至 2 倍，進一步滿足高算力需求的應用場景。

需要特別注意的是，Jetson Orin Nano Super 並非全新規格的 Jetson Orin Nano，而是基於軟體升級後的既有硬體。它延續了 NVIDIA 在 AI 運算硬體領域的領導地位，特別是針對邊緣 AI 應用開發者提供了更高的算力和更靈活的記憶體配置，為邊緣 AI 開發在 2025 年奠定了新基準，成為不可忽視的重要硬體平台之一。

相關資源

Github

本書 GitHub：https://github.com/cavedunissin/edgeai_jetson_orin

請由此下載本書所有範例，本書各章的註解也請直接由 GitHub 頁面點選後開啟。日後如果程式碼有更新的話，就會更新在這裡。也歡迎逛逛我們的 YouTube 頻道（https://www.youtube.com/@cavedu）、入口網站（http://www.cavedu.com）與部落格（http://blog.cavedu.com），上面有更多有趣的專題與教學文章。

取得 Jetson Orin Nano

您可由 NVIDIA 原廠網站所列之經銷商取得 NVIDIA Jetson 系列產品，也可以從機器人王國商城（https://robotkingdom.com.tw/）取得，可以留言指定阿吉老師簽名喔！

前言

各章導讀

- **第 1 章 單板電腦與邊緣運算**：介紹邊緣運算裝置的發展背景與其應用，強調其低功耗、高效率及在本地端進行運算的優勢。同時簡介單板電腦的特性與應用場景，聚焦 NVIDIA Jetson 系列的發展歷程與技術優勢，特別是 Jetson Orin Nano 的規格與實用性。之後介紹了 NVIDIA 提供的學習資源與認證機制，開發者可充分運用 DLI 深度學習機構所規劃的完整學習路徑來提升專業能力。透過本章，讀者將可掌握邊緣運算與單板電腦的基礎概念。

- **第 2 章 Jetson Orin Nano 初體驗**：聚焦於引導讀者完成 Jetson Orin Nano 的初始設定與基本操作，包括硬體準備、作業系統安裝、網路設定及遠端操作等內容。重點涵蓋開機準備（如 micro SD 卡或 SSD 固態硬碟）、硬體連接與網路設定（Wi-Fi 或乙太網路），以及利用 SSH 或 USB 連線進行遠端登入操作。最後還介紹了 jtop 系統監控工具，以及 USB 攝影機與 CSI 攝影機模組的連接與測試。透過本章，讀者將能順利啟動並熟悉 Jetson Orin Nano 的基本操作方式。

- **第 3 章 深度學習結合視覺辨識應用**：將帶領讀者在 Jetson Orin Nano 平台上實現電腦視覺應用，結合深度學習技術進行圖像處理與分析。內容涵蓋 OpenCV 的基礎使用（如拍照、灰階處理、顏色提取），以及 Jetson Inference 函式庫在圖像辨識、物件偵測、圖像分割等基本圖像辨識上的應用上，並說明 TensorRT 對於推論效能的提升。此外，還進一步提供姿勢估計、動作辨識、背景更換與距離估計等範例，幫助讀者在實用中掌握相關技術。本章奠定了 AI 視覺應用的基礎，並為下一章延伸到立體視覺與場景重建技術做好準備。

- **第 4 章 整合深度視覺**：介紹 NVIDIA Jetson Orin Nano 搭配兩款主流深度攝影機（Intel RealSense D435 和 StereoLab ZED2i）的應用，聚焦於景深技術如何實現三維立體視覺，提升裝置在自動化智慧系統中的表現。內容涵蓋深度視覺應用（如三維建模、物體追蹤、自主導航）、D435 與 ZED2i 的功能與安裝步驟，以及透過 Python 實作點雲生成、深度影像檢視與距離估算等操作範例。本章提供了關於景深攝影機的技術背景與實作指南，以便後續結合 ROS2 機器人作業系統的各種進階功能。

- **第 5 章 ROS2 機器人作業系統**：說明如何在 NVIDIA Jetson Orin Nano 上使用 ROS2 機器人作業系統搭配 NVIDIA Isaac ROS 套件實現多樣化的機器人應用，從基礎功能到進階技術全面解析。內容涵蓋 ROS2 的特性與改進（如即時性與多平台支援）、SLAM 定位與地圖建置以及 ROS2 節點、導航、建圖與影像串流等功能實作。進階應用包括物體辨識、路徑規劃、影像分割與景深攝影機的 ArUco 標記辨識等。本章介紹了 ROS2 與 AI 技術結合後的全新面貌，讓您的機器人功能更加全面。

- **第 6 章 生成式 AI 結合邊緣運算裝置**：作為全書壓軸，聚焦生成式 AI 在 NVIDIA Jetson 邊緣運算平台上的應用，涵蓋文字生成、圖像生成、多模態技術與聲音處理等創新案例，展現其在智慧監控、機器人技術與個性化內容創作中的潛力。內容包括生成式 AI 的基礎概念與多領域應用，再帶入 Jetson AI Lab 提供的範例（如文字生成、圖像生成、多模態整合與聲音處理）與進階應用（如 RAG 技術在工業、醫療與交通領域的實踐）。本章詳細說明了在邊緣裝置端執行生成式 AI 的創新可能，為智慧應用開啟更多想像，也是全書技術與創意交融的完美句點。

本書作者群

曾吉弘 博士

- CAVEDU 教育團隊 創辦人
- 美國麻省理工學院電腦科學與人工智慧實驗室，訪問學者
- NVIDIA Jetson AI 大使 (白金級)

郭俊廷

- CAVEDU 教育團隊 專業講師
- NVIDIA Jetson AI 專家

楊子賢

- CAVEDU 教育團隊 專業講師
- NVIDIA Jetson AI 專家

聯絡我們

讀者的任何回饋都是鞭策我們前進的動力，請不吝給予指教。

- **一般回饋**：請寫信到 service@cavedu.com，請在信件主題註明書名與問題說明，並希望能附上出現問題時的錯誤畫面，會讓我們更快協助您。

- **內容勘誤**：不管檢查多少次，還是有可能出錯。如果您發現了本書的任何錯誤，請不吝告知。請一樣寫信到 service@cavedu.com，請在信件主題註明書名與勘誤，也希望您告知發生錯誤的頁數，我們會在下一個版本儘速更正。

- **盜版**：如果您發現 CAVEDU 的任何書籍在網路上以任何形式被非法複製的話，請馬上把其檔案路徑或網站名稱告訴我們，以便進行相關補救。請一樣寫信到 service@cavedu.com，並附上可疑盜版資料的連結。

- **想和 CAVEDU 一起寫書**：如果您對於某一主題具有豐富經驗，並且您對於寫作或貢獻書籍內容有興趣的話，歡迎與我們聯繫：service@cavedu.com。

目錄 CONTENTS

01 單板電腦與邊緣運算

1.1 邊緣運算裝置 1-3
1.2 單板電腦 1-5
1.3 NVIDIA 線上資源 1-7
    1.3.1 NVIDIA 深度學習機構 1-7
    1.3.2 Jetson 人工智慧認證 1-8
1.4 NVIDIA Jetson 家族 1-11
    1.4.1 Jetson TX 1-12
    1.4.2 Jetson AGX Xavier 1-13
    1.4.3 Jetson Nano 4GB / 2GB 1-14
    1.4.4 Jetson NX 1-15
    1.4.5 Jetson Orin 系列 1-16
1.5 Jetson Orin Nano 開發套件開箱 1-17
1.6 總結 1-20

02 Jetson Orin Nano 初體驗

2.1 Jetson Orin Nano 開機！ 2-2
    2.1.1 下載映像檔 2-3
    2.1.2 燒錄映像檔到 micro SD 記憶卡 2-4
    2.1.3 使用 SSD 安裝開機系統 2-9
    2.1.4 硬體架設與開機設定 2-15
2.2 基礎系統操作 2-20
    2.2.1 Wi-Fi 連線 2-20
    2.2.2 SSH 遠端連線 2-21
    2.2.3 USB 對接電腦與 Jetson Orin Nano 2-27
    2.2.4 jtop 系統管理員 2-29
    2.2.5 攝影機設定與測試 2-34
2.3 Jetson Orin Nano Super 2-38
2.4 總結 2-40

03 深度學習結合視覺辨識應用

3.1 OpenCV 電腦視覺函式庫 3-2

3.1.1 OpenCV 介紹 3-2
　　　3.1.2 Jetson Orin Nano 上的 OpenCV 3-2
　　　3.1.3 拍攝單張照片 3-3
　　　3.1.4 讀取、編輯、展示圖像 3-5
　　　3.1.5 提取顏色 3-6
　　　3.1.6 RGB、BGR、HSV 等常見顏色格式 3-8
　　　3.1.7 圖片疊合與抽色圖像 3-9
　　　3.1.8 加入文字 3-11
　3.2 NVIDIA 深度學習視覺套件包 3-13
　　　3.2.1 安裝 jetson-inference 函式庫 3-14
　　　3.2.2 圖像辨識 3-17
　　　3.2.3 物件偵測 3-23
　　　3.2.4 圖像分割 3-26
　　　3.2.5 姿態估計 3-33
　　　3.2.6 動作辨識 3-35
　　　3.2.7 背景移除 3-37
　　　3.2.8 距離估計 3-40
　3.3 總結 3-42

04 整合深度視覺

　4.1 Intel RealSense 景深攝影機 4-2
　　　4.1.1 在 Jetson Orin Nano 上安裝 RealSense 套件 4-3
　　　4.1.2 在 RealSense Viewer 中檢視深度影像 4-4
　　　4.1.3 RealSense 的 Python 範例 4-9
　　　4.1.4 使用 RealSense D435 辨識人臉與距離 4-15
　4.2 ZED 景深攝影機 4-25
　　　4.2.1 硬體介紹 4-25
　　　4.2.2 環境設定 4-26
　　　4.2.3 範例 4-28
　4.3 總結 4-30

05 ROS2 機器人作業系統

　5.1 ROS / ROS2 5-2

5.1.1 ROS 5-2
5.1.2 ROS2 5-3
5.2 NVIDIA Issac ROS 5-4
5.3 安裝 ROS2 5-8
5.4 RK ROS2 移動平台 5-9
5.4.1 機器人系統架構 5-10
5.5 ROS2 基本節點 5-11
5.5.1 導航 5-13
5.5.2 地圖 5-15
5.5.3 分段路徑規劃與影像串流 5-17
5.5.4 光達節點 5-19
5.6 AI 節點 5-20
5.6.1 影像分類 imagenet 5-20
5.6.2 物件偵測 detectnet 5-21
5.6.3 影像分割 segnet 5-22
5.7 進階應用 5-22
5.7.1 距離偵測搭配 ZED2 5-22
5.7.2 ArUco 標記辨識與跟隨 5-23
5.7.3 攝影機標定校正 5-24
5.8 總結 5-25

06 生成式 AI 結合邊緣運算裝置

6.1 淺談生成式 AI 6-2
6.2 NVIDIA Jetson Generative AI lab 6-4
6.2.1 文字生成 6-6
6.2.2 文字與影像生成 6-14
6.2.3 Vision Transformers 6-18
6.2.4 機器人與具身 6-23
6.2.5 圖片生成 6-33
6.2.6 RAG & 向量資料庫 - Jetson Copilot 6-37
6.2.7 聲音 6-45
6.2.8 Agent Studio 6-48
6.3 總結 6-50

· CHAPTER ·

01

單板電腦與邊緣運算

第二版前話

我們正處在一個各類 AI 應用劇烈變化的浪尖,這句話可不是隨便說說。自從 ChatGPT 在 2022 年底發表之後,每天都有更厲害的技術發表,也有更意想不到的跨域組合。

CAVEDU 從 2014 年開始接觸 Raspberry Pi 單板電腦,深覺這類裝置結合物聯網與各種 AI 功能的無窮潛力,之後也陸續出版了多本相關主題書籍,例如 2019 年的《**實戰 AI 資料導向式學習｜Raspberry Pi x 深度學習 x 視覺辨識**》。

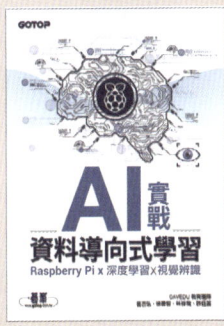 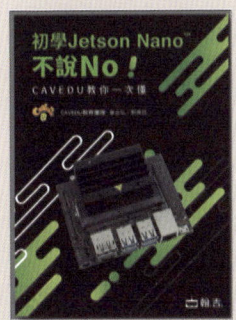

NVIDIA Jetson 系列邊緣運算電腦於 2019 年發布之後，邊緣 AI 刻劃出了更務實的應用與清楚的前景。我們也陸續取得 NVIDIA Jetson AI 大使與專家的資格，每年都舉辦數十場相關工作坊與競賽。並於 2021 年寫好了本書第一版：**《初學 Jetson Nano 不說 No！CAVEDU 教你一次懂》**。到了生成式 AI 之後，才發現 LLM、機器人、元宇宙緊密結合竟有如此豐富的應用，令人大開眼界，這些都會在本書為您一一介紹。

　　CAVEDU 教育團隊很榮幸也能在 2023 Computex 親手將本書拿給黃仁勳先生簽名！算是個小小粉絲吧，也感謝他與 NVIDIA 在這個領域所做的卓越貢獻。

Jensen and David @Computex 2023

　　本書將使用新一代 Jetson 平台中的入門款：Jetson Orin Nano。雖說是入門，但效能相比上一代的 Jetson Orin Nano 可是大幅提升。NVIDIA 原廠表示有 80 倍的效能躍進！此外，黃仁勳先生也在 2024 年底聖誕節前夕，宣布可透過更新軟體來升級為 Jetson Orin Nano Super，讓算力再提高 1.7 倍！

　　為此，本書特別加入兩個章節，從邊緣運算裝置的角度來看機器人與生成式 AI。另外，由於硬體支援與 JetPack 版本關係，本書移除了前一版的 Jetbot 章節，對於 Jetbot 有興趣的朋友，請自行參考 jetbot.org。

Section 1.1 邊緣運算裝置

邊緣運算裝置（Edge computing device），或簡稱邊緣裝置。以往這類裝置是被部署在物聯網的終端，搭配平價的運算晶片來連接一些感測器或致動器來執行屬於常規性且不需要過多運算的應用，例如記錄溫溼度或是控制電梯等等。這類裝置的特色是運算能力較低、耗電量小，但有辦法介接實體周邊裝置，而最後一項正是它最迷人的地方。您很容易就可以使用常見的 Arduino、ESP32 或 microbit 等平價開發板，搭配一些免費的雲端服務來做出各種簡易的聯網互動應用。

隨著人們對於電子產品所提供的服務期望愈來愈高，相同的成本所能取得的運算能力也愈來愈強大。回想一下您的智慧型手機，今年的手機規格必定遠勝於去年以相同金額所買到的，對吧？另一方面，各類 AI 的應用也確實出現在我們的日常生活中，其中又以影像與語音為主要的應用場域，包含相似圖片搜尋與 Google 語音助理、Apple Siri 等。這會需要在裝置中部署可執行特定 AI 運算的晶片，同時還要能滿足耗電以及價格的需求，而我們台灣的廠商在這個領域中扮演了非常重要的角色，包含台積電與聯發科等諸多公司，實現了這項不可能的任務。

根據相關研究[1]，2020 年，邊緣 AI 晶片出貨量已超過 7.5 億顆，市場規模將達數十億美元，而且邊緣 AI 晶片的成長速度將遠高於整體晶片市場，愈來愈多消費性電子裝置中都會裝有某種邊緣 AI 晶片，其中當然以智慧型手機為主力，另外也包含了像是機器人、攝影機、感測器和物聯網等

1　註解內容請見本書 github（https://github.com/cavedunissin/edgeai_jetson_orin）。
　　以下註解皆是。

領域。黃仁勳先生在 2024 Computex 專題演講上表示，在不遠的將來，所有東西都將機器人化，且每個台機器人都將運用大型語言模型來達到更進階的理解力。由於 AI 運算對處理器的要求非常高或考量系統建置成本，以往的作法是在具備高階運算硬體的資料中心或網路中介閘道器上執行之後，再把運算結果發送回終端裝置，而不是在終端裝置本地執行。這種傳統的做法對於網路品質（速度與頻寬）有相當高的要求，並且資料發生點與運算中心之間的物理距離就是延遲的主因。因此，邊緣運算可以直接在資料發生點（例如讀取感測器值數值）即時處理資料，減少資料和運算點之間的物理距離來減少系統不確定性並加快應用程式的執行速度。

就蒐集到的資料量與場所而言，邊緣裝置才是實際產生資料的地方，且一個場域中的多個裝置在短時間之內就可累積數 GB 甚至幾 TB 的資料，這麼大規模的原始資料如果一股腦地丟回中央運算中心處理，將需要相當可觀的網路頻寬與連線費用，對於運算中心的運算量要求也日益吃重。因此，如果原本只負責產生資料的裝置如果也能負擔一部分運算，而只將運算結果或關鍵資料回傳給中央運算中心的話，可以減少在遠端伺服器上往返傳輸資料進行處理所造成的延遲及頻寬問題，有效減緩整體系統的壓力。像是自動駕駛車、工廠機器人、醫院裡的醫療影像機器、零售店 POS 與各類監控攝影機等等都預期可因為邊緣運算技術能有更進一步的提升。

有些領域則是嚴格要求裝置必須在不具備網路連線的情況下依然能在本地端自行執行 AI 運算，其中最要求的應該就是自駕車了吧。想像一下，高速駕駛中的自駕車必須偵測偏移車道、前後車距離還有各類交通號誌等等，這些都要在 1/100 秒甚至更短的瞬間完成，如果因為網路斷線而造成無法辨識或判斷延遲而發生車禍，這真的是非常可怕的事情。

現在，邊緣 AI 晶片正在改變這一切。它們的尺寸更小、價格更便宜、耗電量更小（發熱也更少），因而可以整合到手持裝置以及非消費性裝置（如機器人）中。邊緣 AI 晶片可讓終端裝置能夠自行執行密集型 AI 計算，降低了將大量機密發送到遠端位置的需求，可大幅降低對於網路與雲端服務的依賴程度，獨立完成所有運算，對於隱私和安全性也更有保障。

單板電腦與邊緣運算

當然,並非所有 AI 運算都必須在本地進行。如果特定應用所需的運算超過邊緣 AI 晶片的負荷,還是需要搭配強力的中央運算中心來完成。大多數情況下都需要考量實際場域需求,以混合模式來完成 AI 的需求:一部分在邊緣裝置端實現,一部分在雲端實現。期待整合邊緣運算裝置上整合 AI 服務的企業,可將強調低延遲之 AI 應用程式靈活部署於小巧又平價的邊緣裝置上,例如本書主角:NVIDIA Jetson Orin Nano,它的耗電量最低只有 15 瓦特,並有媲美筆記型電腦的運算速度。

據估計[2],到 2025 年時會有超過 1500 億台物聯網裝置與類似裝置,它們會不斷產生各種資料,而這些資料都需要被處理。5G 網路的出現,其速度較 4G 網路快上 10 倍,其高頻寬與低延遲的特性,使得各種 AI 服務變為可能,而這也進一步拉升了對邊緣運算的需求。時至今日,這類邊緣裝置的運算能力已足以執行基本的視覺處理與神經網路推論,甚至是小型的生成式 AI 應用。如同我們手上的智慧型手機,這類裝置在未來的運算能力只會愈來愈快,儲存空間與記憶體也只會愈來愈大,加上原有的 GPIO 硬體控制功能,它們可比桌上型電腦與筆記型電腦更有彈性、更有體積上的優勢,期待您來發掘喔!

Section 1.2 單板電腦

單板電腦是指可執行單一或多種作業系統之微型電腦,其外觀多半為一片手掌大小之電路板。除了遠端登入的物聯網場景之外,這類裝置在外接螢幕、鍵盤滑鼠與相關周邊之後就可當作獨立的電腦來運作使用,或是被部署在物聯網終端作為獨立節點來執行特定任務,這也是目前常見用於實現各種 AI 服務的邊緣運算裝置。

談到單板電腦,大家首先想到的應該是樹莓派基金會(Raspberry Pi Foundation)所推出的 Raspberry Pi 系列。自從 2012 年首款 Raspberry

Pi 1 Model B 單板電腦發布之後，Raspberry Pi 已迅速變成全球自造者、業餘玩家以及教育研究者的首選開發板之一。到了 2019 年發布的 Raspberry Pi 4 B+ 單板電腦[3]，其規格已具備 1.5 GHz 處理器、8GB RAM（也有 1、2 與 4GB RAM 的規格）、完整通訊功能（Wi-Fi 無線網路、乙太有線網路與藍牙 4.0）、以及全球社群玩家的廣大支援。更吸引人的地方在於其硬體規格已足以執行主流的 AI 框架來進行各種 AI 應用。在本書編寫期間，Raspberry Pi 5 已經問世[4]，效能自然比前一代更好，並可直接在其上執行基礎語言模型應用。其他類似商品還有 BeagleBoard、DFRobot LattePanda、ASUS Tinker、AAEON UP Board 與 Google Coral 等，可說是百花齊放呢！

圖 1-1 Raspberry Pi 5 單板電腦

NVIDIA 則是在 2019 年上半年推出了 Jetson Nano 4GB，進入了新台幣一萬元以下的市場，2020 年底推出了 Jetson Orin Nano 2GB，並於 2023 年推出了全新一代的 Jetson Orin 系列。稍後在 1.4 節會介紹 Jetson 家族有哪些不同規格與應用的產品。

另一方面，也有諸多開發者致力於將預先訓練好的神經網路模型放在像是例如 Arduino 平台或是 ESP 系列開發板上，tinyML[5]（微型機器學習）就是最近相當熱門的一項技術，由於它由於需要針對各個板子進行相當大程度的調校與最佳化，因此不一定適合初學者使用。但同時也有 Edge Impulse、SensiML 與 SenseCraft 等這類針對邊緣裝置的機器學習管線工具來加速相關的開發流程。

以本書鎖定的讀者族群而言，需考量售價、作業系統與程式語言、教育資源易取得性、處理器速度、記憶體大小與通訊介面等。其售價將直接影響讀者的採購意願與學生可分配到的套數，而作業系統與程式語言、教育資源易取得性則會影響教學者準備課程範例上的便利性。另一方面，處理器速度、記憶體大小以及通訊介面則分別與推論速度、可用的神經網路模型大小以及所要控制的電子周邊有關。

Section 1.3　NVIDIA 線上資源

針對不同技術背景的學習者與開發人員，NVIDIA 提供了許多免費與付費課程，技術部落格[6]與開發者論壇[7]都有很豐富的資源與教學文章。

1.3.1　NVIDIA 深度學習機構

NVIDIA 深度學習機構[8]（Deep Learning Institute，簡稱 DLI，並區分中文站點與英文站點）提供許多人工智慧與資料科學等實作訓練課程，不同技術背景的開發人員、資料科學家、研究人員和學生都有對應的課程，並透過雲端的 GPU 環境來進行實作練習。課程結束後可取得 NVIDIA DLI 認證，證明自己具備相關主題的能力，協助自我專業職涯成長。您需要先註冊一個 NVIDIA 開發者帳號才能使用相關資源，請由 NVIDIA 開發者網站[9]網站來註冊吧。

Jetson Orin Nano 的專屬 DLI 證照課程名稱為：**Getting Started With AI On Jetson Nano**[10]

目標學習內容包括：

- 設定 Jetson Orin Nano 與攝影機
- 收集影像資料來訓練分類神經網路模型

1-7

- 標註用於迴歸模型之影像資料
- 根據自行收集的資料來訓練專屬的神經網路模型
- 使用自行訓練的神經網路模型在 Jetson 裝置上進行即時推論

圖 1-2 Getting Started With AI On Jetson Nano 證書

歡迎您註冊 NVIDIA 開發者帳號來完成這門課程，這也是 Jetson 人工智慧認證的必要條件之一喔！

1.3.2　Jetson 人工智慧認證

上一節談過了 NVIDIA DLI 針對開發者、教育者與有志學習的朋友們提供了 Jetson Orin Nano 相關的兩門動手做的訓練課程。除此之外，您可累積自身的實力之後，進一步取得 **Jetson AI certification program** 認證[11] 來讓自己更上一層樓，並與來自全世界的開發者一同分享使用 Jetson 平台所製作的有趣專案。

Jetson AI certification program 分成 Jetson AI 專家與 Jetson AI 大使兩種資格，由下表可以看出兩者都需要完成 1.3.2 節的 Jetson DLI 線上課

程,並提交一個使用 Jetson 系列裝置完成的專案。您可以參考社群的專案展示區來找到靈感[12]。另外可以看到在申請大使方面,還需要額外兩個步驟:「**申請 DLI Certified Instructor 計畫並與 NVIDIA 團隊面談**」以及「**具備學術單位或正式訓練計畫之教學經驗**」。前者將決定取得大使資格之後您可以教授的課程,而後者則是要證明您具備一定程度以上的教學經驗。

需求	Jetson AI Specialist（專家）	Jetson AI Ambassador（大使）
完成 Jetson AI 基礎課程（1.3.2 節）	V	V
Jetson Orin Nano 專案審查	V	V
申請 DLI Certified Instructor 計畫並與 NVIDIA 團隊面談		V
具備學術單位或正式訓練計畫之教學經驗		V

取得認證的流程如下圖,一定要先完成基礎課程與提交一個 Jetson 專案。之後,如果您是申請 Jetson AI 專家,那就靜候好消息即可;但如果您想要申請 Jetson AI 大使,那就要準備好新年度的推廣計畫並與 NVIDIA 團隊進行面談。阿吉老師也是完成了這些過程才順利拿到大使資格喔!另外,CAVEDU 教育團隊也有多位夥伴取得 Jetson AI 專家資格了。

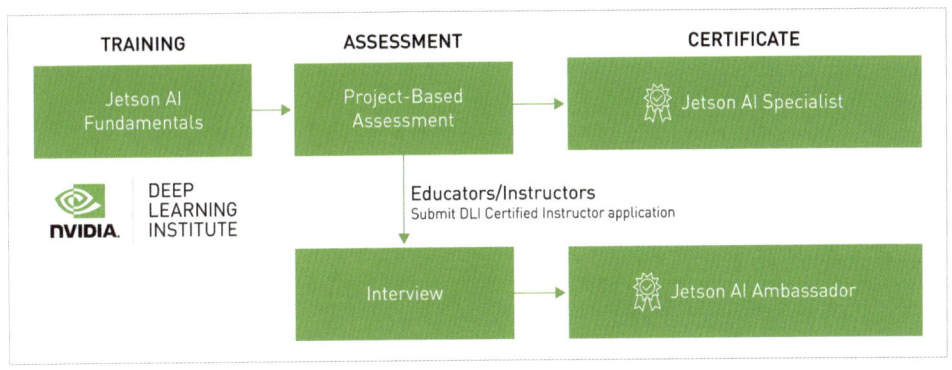

圖 **1-3** Jetson AI 認證取得流程
(圖片來源:NVIDIA Jetson AI certificate 網站[11])

圖 1-4 Jetson AI Ambassador 證書

圖 1-5 Jetson AI Specialist 證書

1-10

Section 1.4 NVIDIA Jetson 家族

NVIDIA Jetson 是 NVIDIA 為嵌入式系統設計的 AI 運算平台[13]，針對各種效能等級和價格需求，提供了一系列不同規格的解決方案，涵蓋了網路視訊錄影機（NVR）到精密製造中的自動化光學檢測（AOI）與自主移動機器人（AMR）。Jetson 模組不但體積小巧，並同時具備高運算能力與能源效率，可在您的邊緣方案中有效率地整合最頂尖的 AI 技術。每款 Jetson 平台都可視為一個完整的系統模組，具備 CPU、GPU、PMIC、DRAM 和快閃儲存裝置，為您的邊緣運算方案提供相當不錯的運算能力。

本書主角鎖定於入門款的 Jetson Orin Nano 開發套件，但本節也會一併簡介 Jetson 家族的其他成員，包含上一代的 Jetson Nano 與 TK1、TX1、TX2、Xavier NX、AGX Xavier（部分型號已停產）。不同的板子，其規格、運算能力、耗電量與價格都不相同，請妥善根據您的專案需求選用合適的板子，當然也歡迎到 NVIDIA 開發者論壇[7] 或 CAVEDU 技術部落格[14] 來發問或找靈感喔。

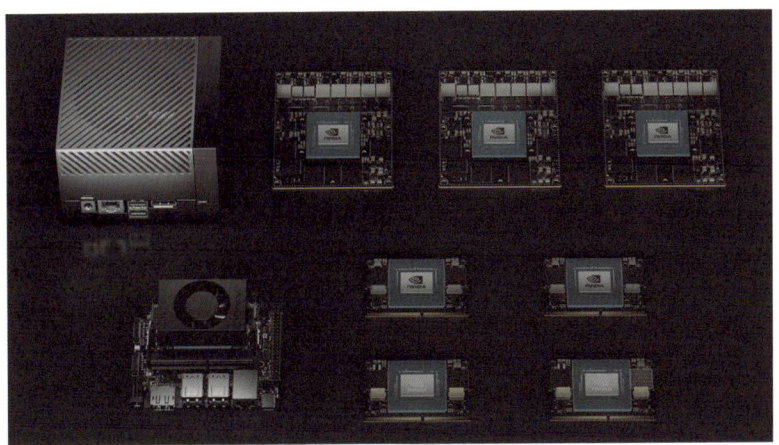

圖 1-6 NVIDIA Jetson 系列，上排為 Jetson AGX Orin 開發者套件與運算模組，下排為 Jetson Orin Nano 開發者套件與運算模組（圖片來源：Jetson 系列原廠頁面[13]）

以下按照上市時間來介紹 NVIDIA Jetson 家族，依序為 Jetson TX2、Jetson AGX Xavier、Jetson Nano 4GB、Jetson Xavier NX 與 Jetson Nano 2GB，至於已停產的型號就不多做介紹了。

- 2014 年 3 月，發布 Jetson TK1，目前已停產。
- 2017 年 3 月，發布 Jetson TX2（1.4.1）
- 2018 年 6 月，發布 Jetson Xavier（1.4.2）
- 2019 年 3 月，發布 Jetson Nano 4GB 版本（1.4.3）
- 2020 年 5 月，發布 Jetson Xavier NX（1.4.4）
- 2020 年 10 月，發布 Jetson Nano 2GB 版本（1.4.3）
- 2023 年 3 月，發布 Jetson Orin 系列（1.5）

1.4.1　Jetson TX

作為最早推出的 Jetson 系列，Jetson TX[15] 目前提供三個版本：Jetson TX2（8GB）、Jetson TX2i 與 Jetson TX2 4GB。知名的 MIT Racecar Robotics: Science and Systems（6.141 / 16.405）課程就是使用 TX2[16] 作為運算核心，但目前也推出了使用 Jetson Nano 與 NX 的版本。

圖 1-7　Jetson TX2（圖片來源：NVIDIA Jetson TX[15]）

單板電腦與邊緣運算

圖 1-8 MIT Racecar 自駕車平台（圖片來源：MIT Racecar[16]）

1.4.2 Jetson AGX Xavier

Jetson AGX Xavier[17] 是上一代 Jetson 家族中規格最高的 AI 電腦，並為商用自駕車建置各種新型連網服務、能源管理技術、車內個人化功能以及自動駕駛技術[18]。除了現有的 Jetson AGX Xavier，也有提供較低規格的 Jetson AGX Xavier 8GB 版本，分別提供 5.5 與 11 TFLOPS 的 FP16 運算能力來進行各種 AI 運算。

圖 1-9 Jetson AGX Xavier

1-13

1.4.3　Jetson Nano 4GB / 2GB

Jetson Nano[19] 是 Jetson 家族中針對初學者與輕量級應用的小型 AI 電腦，具備相當不錯的運算能力與能源效率，能夠在裝置上實現多種 AI 服務、執行多種神經網路推論運算，並同時連接多種硬體周邊。如果您需要在嵌入式產品整合高階人工智慧功能的話，Jetson Nano 是相當不錯的選擇。Jetson Nano 在 2019 年上市之後就引起開發者社群相當大的轟動，並於 2020 年推出了更經濟實惠的 2GB 版本。CAVEDU 也是在這個時候開始積極研究各種邊緣 AI 應用。

Jetson Nano 提供了開發套件與運算模組，開發套件是模組搭配具備常用周邊接頭的載板，而模組則只有本體，可進一步開發客製化商品，例如市面上已有使用多家公司使用 Jetson Nano 模組的智慧影像監控主機（NVR），或透過叢集技術整合成運算能力更高的電腦。

Jetson Nano 在各方面都適合拿來製作移動式機器人，除了 NVIDIA 推出的 Jetbot 輪型機器人平台[20] 之外，NVIDIA 也與 MIT Duckietown 課程正式合作來推廣深度學習視覺辨識相關課程[21]。

圖 1-10　Jetson Nano 4GB 與 2GB 版本（左 / 右）

圖 1-11　Duckie bot（圖片來源：Duckietown[21]）

1.4.4　Jetson NX

　　Jetson Xavier NX[22] 的執行速度在當年推出時可說是相當優異，不但可平行執行多款最新的神經網路，還能處理多個高解析度感應器的資料，更快的 21 TOPS 運算速度使其能滿足要求即時回應的 AI 專案。使用 NX 的機器人平台可以參考 JetRacer[23]。

圖 1-12　採用 Jetson NX 的 JetRacer 自駕車平台

1.4.5　Jetson Orin 系列

NVIDIA 在 2023 年推出了新一代的 Jetson 平台：Jetson Orin，從高階到入門分別為 Jetson AGX Orin、Jetson Orin NX 與本書主角 Jetson Orin Nano。其中 Jetson Orin NX 只有運算模組而沒有開發套件。

以下為 Jetson 系列的規格比較表 [24]，請按照您的專案需求來挑選合適的開發平台：

檢視 Jetson Orin 技術規格

	Jetson AGX Orin 系列				Jetson Orin NX 系列		Jetson Orin Nano 系列		
	Jetson AGX Orin 開發套件	Jetson AGX Orin 64GB	Jetson AGX Orin Industrial	Jetson AGX Orin 32GB	Jetson Orin NX 16GB	Jetson Orin NX 8GB	Jetson Orin Nano 開發套件	Jetson Orin Nano 8GB	Jetson Orin Nano 4GB
人工智慧效能	275 TOPS	248 TOPS	200 TOPS	100 TOPS	70 TOPS	40 TOPS		20 TOPS
GPU	2048-core NVIDIA Ampere architecture GPU with 64 Tensor Cores			1792-core NVIDIA Ampere architecture GPU with 56 Tensor Cores	1024-core NVIDIA Ampere architecture GPU with 32 Tensor Cores		1024-core NVIDIA Ampere architecture GPU with 32 Tensor Cores		512-core NVIDIA Ampere architecture GPU with 16 Tensor Cores
GPU 最高頻率	1.3 GHz		1.2GHz	930MHz	918MHz	765MHz	625MHz		
CPU	12-core Arm® Cortex®-A78AE v8.2 64-bit CPU 3MB L2 + 6MB L3			8-core Arm® Cortex®-A78AE v8.2 64-bit CPU 2MB L2 + 4MB L3	8-core Arm® Cortex®-A78AE v8.2 64-bit CPU 2MB L2 + 4MB L3	6-core Arm® Cortex®-A78AE v8.2 64-bit CPU 1.5MB L2 + 4MB L3	6-core Arm® Cortex®-A78AE v8.2 64-bit CPU 1.5MB L2 + 4MB L3		
CPU 最高頻率	2.2 GHz		2.0 GHz	2.2 GHz	2 GHz		1.5 GHz		
DL 加速器		2x NVDLA v2			1x NVDLA v2		-		
DLA 最高頻率	1.6GHz		1.4GHz		614MHz		-		
視覺加速器		1x PVA v2			-		-		
安全叢集引擎		-			-		-		
記憶體	64GB 256-bit LPDDR5 204.8GB/s		64GB 256-bit LPDDR5 (+ECC) 204.8GB/s	32GB 256-bit LPDDR5 204.8GB/s	16GB 128-bit LPDDR5 102.4GB/s	8GB 128-bit LPDDR5 102.4GB/s	8GB 128-bit LPDDR5 68 GB/s		4GB 64-bit LPDDR5 34 GB/s
儲存空間		64GB eMMC 5.1			(Supports external NVMe)		(SD Card Slot & external NVMe via M.2 Key M)		(Supports external NVMe)

圖 1-13　Jetson Orin 系列的規格比較表
（圖片來源：Jetson 規格比較表 [24]）

Jetson Orin Nano 能夠執行多種的神經網路模型，且執行速度相當不錯。完整效能評測請參考 NVIDIA 原廠資料 [25]。請參考下圖為 Jetson Orin Nano 4GB/8GB 與先前版本在常見視覺模型上的表現 [26]：

1-16

Models*	Jetson Nano	Jetson TX2 NX	Jetson Orin Nano 4GB	Jetson Orin Nano 8GB
PeopleNet ** (v2.3)	7	17	134	268
PeopleNet ** (v2.5 unpruned)	2	5	57	116
Action Recognition 2D	32	88	217	369
Action Recognition 3D	1	3	13	23
LPR	47	86	534	950
Dashcam Net	11	26	198	399
Bodypose Net	3	7	68	136
Resnet 50	36	66	541	959

*Dense Model Performance
**PeopleNet V2.5 (unpruned) has better accuracy compared to V2.3 thus the FPS is lower.

圖 1-14 Jetson Orin Nano 與先前版本在常見視覺辨識模型上的表現（圖片來源：Jetson benchmark[26]）

Section 1.5 Jetson Orin Nano 開發套件開箱

尺寸只有手掌大小的 Jetson Orin Nano 是 Jetson Orin 系列中最小的裝置，並具備了 40 TOPS 的運算能力，可說是凝聚 AI 威力在掌心啊！除了能執行多種神經網路之外，還能連接許多周邊裝置，而功耗只有 7 到 15 瓦特。除了部分生成式 AI 模型需要較好的運算效能之外，本書多數範例都可用 Jetson Orin Nano 8GB 版本來執行。

NVIDIA Jetson Orin Nano 8GB 開發套件的部分硬體規格如下，另外還有 4GB 版本，詳細規格請以原廠網站為準[27]

表1-1 NVIDIA Jetson Orin Nano 8GB開發套件技術規格

GPU	1024-core NVIDIA Ampere architecture GPU with 32 Tensor Cores
CPU	6-core Arm® Cortex®-A78AE v8.2 64-bit CPU, 1.5MB L2 + 4MB L3
AI 效能	40 TOPS
記憶體	8GB 128-bit LPDDR5, 68GB/s
儲存空間	透過 microSD 插槽外接 透過 M.2 Key M 外接 NVMe
影片編碼器	1080p30，1-2 個 CPU 內核支援
影片解碼器	1x 4K60 (H.265) / 2x 4K30 (H.265) / 5x 1080p60 (H.265) / 11x 1080p30 (H.265)
連線能力	1x Gigabit Ethernet
攝影機	2x MIPI CSI-2 接頭
顯示器	DisplayPort 1.2 (+MST)
USB	4x USB 3.2 Gen2, 1x USB Type-C
其他	40-pin Header (UART, SPI, I2S, I2C, GPIO) 12-pin button header 4 pin 風扇接頭 DC 直流電源接頭
尺寸	100 x 79 x 21 (mm)

好的，請拿出您的 Jetson Orin Nano 吧！盒裝可看到 Jetson Orin Nano Developer Kit 字樣，相當顯眼。

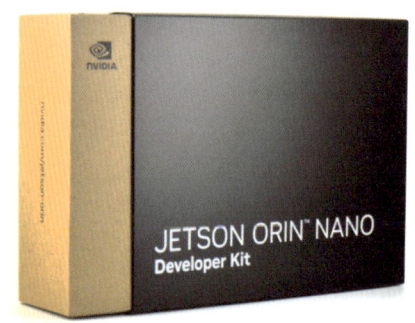

圖 1-15 Jetson Orin Nano 8GB 版本外包裝

1-18

打開後,把 Jetson Orin Nano 從防靜電袋中取出,登場啦!這就是本書主角;Jetson Orin Nano 8GB 開發套件。由頂部開始是風扇,底下就是 Jetson Orin Nano 模組,最下面則是 I/O 載板。市面上也已有許多廠商使用 Jetson 運算模組搭配不同規格的載板來製作各種功能的邊緣運算裝置。

圖 1-16 Jetson Orin Nano 開發套件本體

翻過來看看,可看到外接 SSD 硬碟的 PCIE 插槽。另一方面,Jetson Orin Nano 的背面有許多金屬凸點,所以使用時請勿放在金屬物品上,不然可能誤觸導致短路!

圖 1-17 Jetson Orin Nano 開發套件底部

Section 1.6 總結

本章首先介紹了目前人工智慧領域的熱門話題：邊緣運算裝置。接著談到了以 Raspberry Pi 為主的教學用單板電腦如何在當年掀起一股風潮，而 NVIDIA 也自 2019 年起推出不同規格的單板電腦來豐富自家的 Jetson 產品系列。

開始之前，您需要先取得 NVIDIA 開發者帳號，也歡迎參考 DLI 網站上的 Jetson Orin Nano 證照的課程，完成還可以取得電子證書喔。想要更進一步挑戰實力的朋友，歡迎於完成本書內容之後申請 Jetson AI 專家或大使資格。

本章後半依照上市順序來介紹 NVIDIA Jetson 家族成員，最後則是本書主角 Jetson Orin Nano 8GB 開發套件開箱，下一章就要來開機啦。

· CHAPTER ·

02

Jetson Orin Nano 初體驗

　　上一章帶您認識了何謂邊緣運算、邊緣運算的應用情境與發展潛力，以及目前市面上常見的單板電腦，也知道這類裝置的運算能力已足以執行基本的視覺處理與神經網路推論，甚至有機會做到生成式 AI 呢。在可預見的未來，這類裝置上的運算能力只會愈來愈快，儲存空間與記憶體也只會愈來愈大，加上原有的 GPIO 硬體控制功能，它們可比桌上型電腦與筆記型電腦更有彈性、更有體積上的優勢，期待您來發掘喔！

　　本章將一步步帶領您熟悉 Jetson Orin Nano 單板電腦。前半端會介紹如何取得並燒錄開機用的 micro SD 卡、開機、設定其 Ubuntu 作業系統。且由於單板電腦在使用情境上不一定需要實體螢幕，本章也會介紹如何透過 Wi-Fi 與 USB 傳輸線來遠端登入 Jetson Orin Nano。當然啦，沒有忘記各位最關心的 Jetson Orin Nano Super，一次擁有黃仁勳先生所說的 1.7 倍 AI 算力提升！

材料表

- NVIDIA Jetson Orin Nano 開發者套件
- 19V 2.37A 變壓器
- 128GB Samsung micro SD 卡 / 500GB SSD 固態硬碟（本章使用後者）
- 外接螢幕（HDMI 接頭）
- DP（Display Port）轉 HDMI 訊號轉換器，DC202
- USB 鍵盤
- USB 滑鼠
- 乙太網路線（如果沒有無線網路的情況）
- 遠端連入 Jetson 的電腦（本篇文章使用 Windows 系統）
- 羅技 C270 webcam/ Pi camera V2

Section 2.1 Jetson Orin Nano 開機！

本節將說明如何準備開機用的 micro SD 記憶卡、Jetson Orin Nano 硬體介面說明以及如何設定 Jetson Orin Nano 網路來遠端登入。更多資料請參考 Jetson Orin Nano 主頁面[1]。

> **注意！**
>
> NVIDIA 原廠建議使用 SSD 固態硬碟會有最佳效能，本書兩種方式都會說明，請根據您的預算需求來選擇要用哪一種開機方式吧！

---

1 註解內容請見本書 github（https://github.com/cavedunissin/edgeai_jetson_orin）。以下註解皆是。

Jetson Orin Nano 初體驗

> ╲ 注意！╱
>
> Jetson AGX Orin 不同於 Jetson Orin Nano，前者需使用另一個 Linux 作業系統電腦並使用 Jetson SDK Manager 軟體來設定開機系統。詳細作法請參考本篇[2]。

2.1.1 下載映像檔

多數工業級電腦考量到穩定性，會把作業系統燒錄在單板電腦的 ROM 上面。但自從 2014 年 Raspberry Pi 這類主打教育用途的單板電腦上市之後，多採用可抽換的 SD 記憶卡作為開機媒介，一方面這類儲存裝置便宜並容易取得，另一方面教學者可以額外準備多片開機用 SD 卡，當某台機器臨時不能開機時，只要換一片 SD 卡來開機即可，在教學現場是相當常見的做法。請根據以下步驟來完成 SD 卡的準備作業：

Step 01 　請準備一片 micro SD 卡，可以根據專案類型來選擇，不過 NVIDIA 原廠建議最低規格要達到 32GB UHS-1，但這樣後續在安裝其他套件或神經網路權重檔時可能會容量不足。因此本書採用 128GB 的 micro SD 卡，建議您也使用這個規格。

Step 02 　接下來需要一台電腦來燒錄 SD 卡，筆記型電腦通常都有內建的 SD 卡插槽，可以直接使用該插槽。如果您的電腦沒有，可以使用外接式的 USB 讀卡機，只要電腦能抓到這張 SD 卡就可以。如果您的 SD 卡先前已使用過，例如用於數位相機或手機，請先格式化後再燒錄。

Step 03 　請由本連結[3]下載 NVIDIA 提供的映像檔，壓縮檔的大小約 11 GB，下載後請將檔案解壓縮，並記得存檔路徑，路徑建議不要太長，也不要包含中文字元。但如果使用 balenaEtcher 則可直接燒錄 ZIP 檔，不用再解壓縮。

2.1.2 燒錄映像檔到 micro SD 記憶卡

Step 04 接著要安裝映像檔燒錄軟體，NVIDIA 原廠建議使用 **balenaEtcher**，Windows 的使用者也可以使用 **Win32 Disk Imager**。balenaEtcher 的步驟如 Step 5 到 8，Win32 Disk Imager 操作步驟如 Step 9 到 13，請根據個人喜好選一個即可。

Step 05 **balenaEtcher 燒錄軟體操作**

balenaEtcher[4] 在 Windows、MAC 與 Linux 作業系統都可以安裝，本節是在 Windows x64 系統下執行 balenaEtcher，請按照您電腦使用的作業系統來安裝對應版本的軟體。下載後解壓縮，免安裝即可執行。

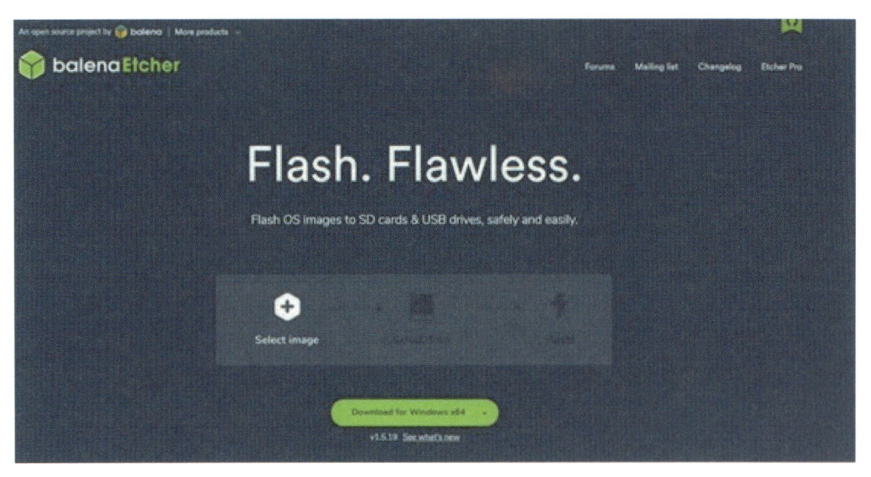

圖 2-1　balenaEtcher 初始畫面

2-4

Jetson Orin Nano 初體驗

Step 06 開啟軟體後,先點選 **Select image** 選項,並選擇剛剛下載的 NVIDIA 原廠映像檔。

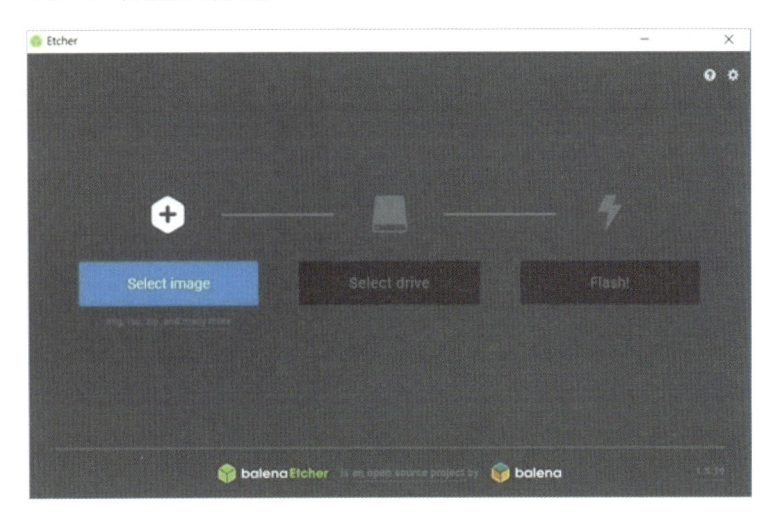

圖 2-2 選擇映像檔

Step 07 將 SD 卡插入讀卡機,在軟體中點選 **Select drive**,選擇 SD 卡所在的磁碟機編號(如下圖的 G:\)。點選 **Continue** 後再點選 **Flash** 就會把 img 檔燒錄到 SD 卡作為 Jetson Orin Nano 的開機系統。

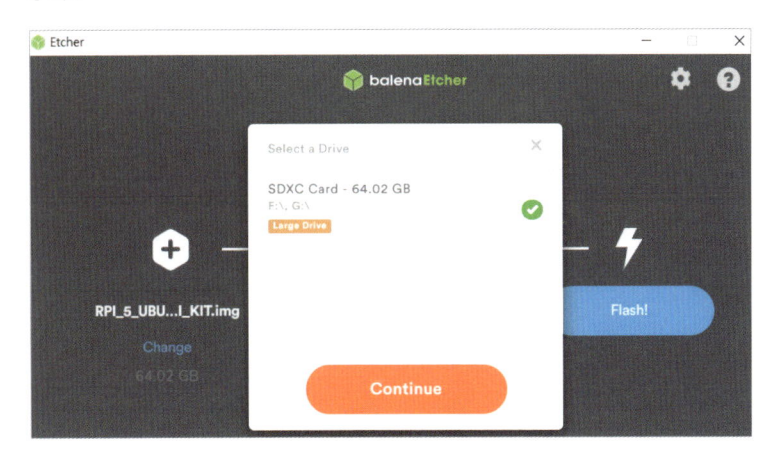

圖 2-3 選擇燒錄目標磁碟

2-5

Step 08 燒錄過程中會以進度條來顯示進度，完成之後檢查是否有錯誤，都沒問題的話就完成了。

> 注意！
>
> 在映像檔燒錄完畢後，SD 卡會新增許多磁區。WINDOWS 作業系統的電腦會跳出許多磁區（平常有更新 Windows 的電腦不會發生）並要求使用者格式化 SD 卡，但請不要格式化！
>
> 這是因為 SD 卡的內容已變成 Linux 的檔案系統格式，所以 Windows 作業系統無法正常顯示 SD 卡磁區內容，請放心將 SD 卡退出，並將其插入 Jetson Orin Nano 即可。

如果點擊 **Flash** 後一直無法燒錄，請到 Windows Defender 允許使用 balenaEtcher。如果不希望更改系統設定，也可以改用另一套 Win32DiskImager 燒錄軟體。

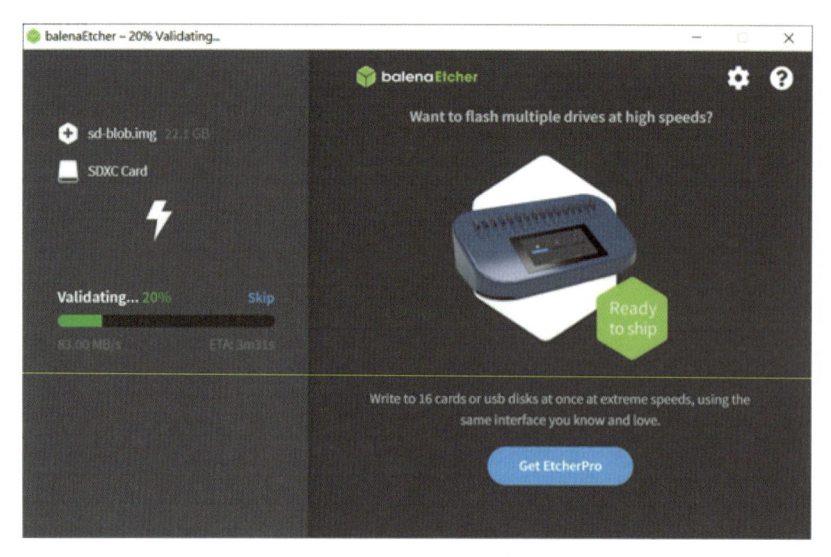

圖 2-4 燒錄過程畫面

Jetson Orin Nano 初體驗

Step 09 **Win32 Disk Imager**

接著 Step 9~14 說明如何使用 Win32 Disk Imager[5] 來燒錄 SD 卡，如果您已經使用 balenaEtcher 燒錄完成則可跳過這幾個步驟。

人如其名，Win32 Disk Imager 只能在 Windows 系統上使用，而這裡我們是在 Windows x64 系統下執行。請下載並安裝好後啟動它，如以下畫面：

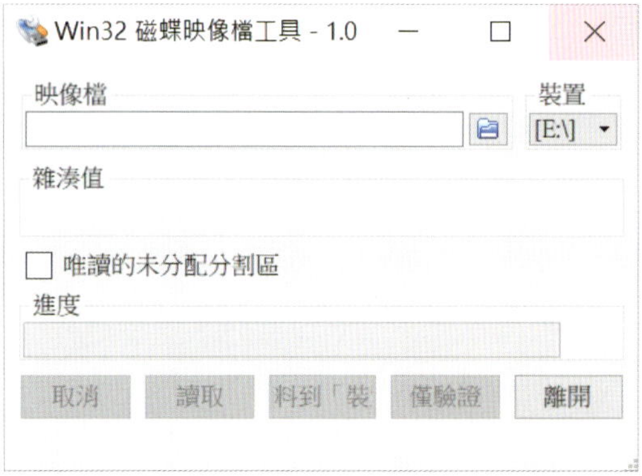

圖 2-5 Win32 Disk Imager 初始畫面

Step 10 點選文件夾圖示，並選擇先前下載好的映像檔檔案，並選擇您所要燒錄的裝置，如下圖的 **E:**，但各台電腦可能不同。

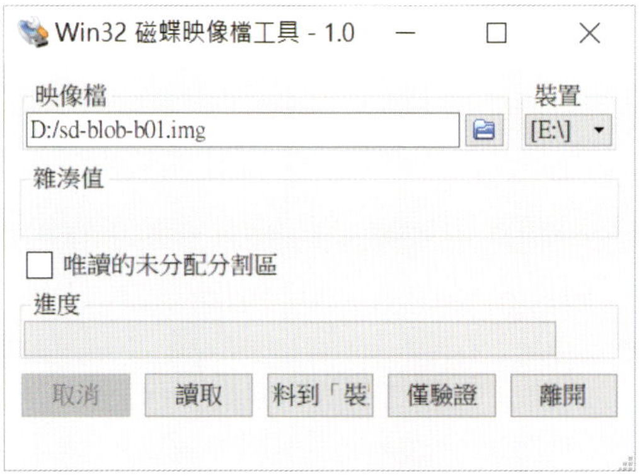

圖 2-6 選擇映像檔

2-7

Step 11 點選 [從「映像檔」寫入資料到「裝置」] 中按鈕。

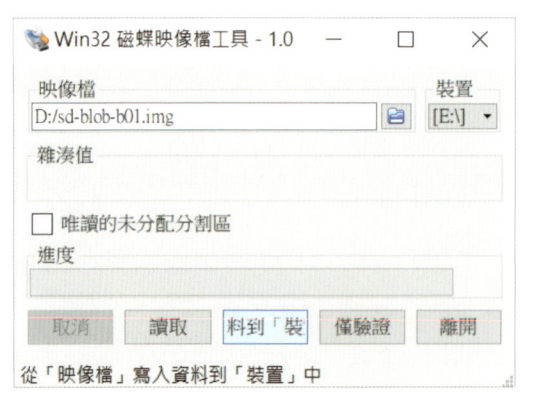

圖 2-7 選擇燒錄目標磁碟

Step 12 彈出警告視窗請按「Yes」，請再次確認您所選擇的路徑沒錯，就會開始燒錄 SD 卡了。

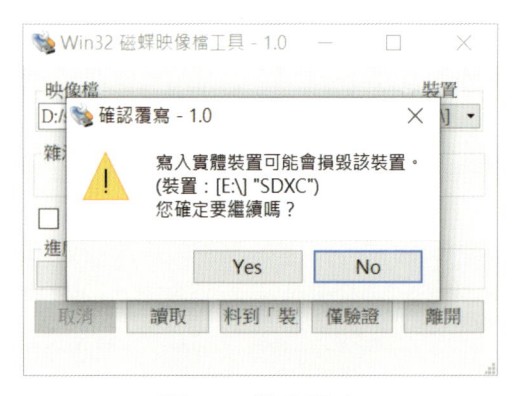

圖 2-8 警告訊息

Step 13 燒錄時間會根據您的電腦規格而有不同，且檔案很大需要等待一段時間。燒錄好後會跳出提醒視窗顯示寫入成功！

圖 2-9 燒錄成功

Jetson Orin Nano 初體驗

Step 14 不論您使用哪一款燒錄軟體，燒完後就可以退出 SD 卡，將其插入 Jetson Orin Nano 的記憶卡插槽就可以準備開機囉！

2.1.3 使用 SSD 安裝開機系統

追求進階效能的玩家，應該會選擇把系統安裝在 SSD 固態硬碟上，而如果要將系統安裝在 SSD 硬碟裡開機的話，則需使用 NVIDIA SDK Manager 透過 Ubuntu 系統的電腦安裝。安裝時候需要為 Jetson Orin Nano 接上螢幕才能確認是否成功安裝作業系統。另一方面，Jetson Orin Nano 跟 Jetson AGX Orin 已沒有 HDMI 輸出只有 DisplayPort 輸出，因此需要購買 DisplayPort 轉 HDMI 轉接頭，或是使用有 DisplayPort 輸入的螢幕來使用。**請注意：目前測試 DisplayPort 轉 HDMI 轉接頭會有挑線的問題，如有使用需求等問題可參考機器人王國教學**[6]。

Step 15 請找一台 Linux Ubuntu 電腦，下載 NVIDIA SDK Manager[7]。

Step 16 請注意，如要使用 NVIDIA SDK Manager 來燒錄 Jetson Orin Nano 作業系統時，需要先將裝置設定為 Recovery mode 再手動安裝，做法是用 jumper 插上 pin9 與 pin10（FC REC、GND）之後再通電，如下圖紅框處：

圖 2-10　於 pin9、10 位置裝上 jumper

Step 17 Orin Nano 通電後，使用 USB Type-C 連接線將它連接到 Ubuntu 電腦後，請用 `lsusb` 指令查詢 Ubuntu 電腦有沒有抓到 Jetson。如果正確進入 Recovery mode 會看到一個名為 `Bus 00x Device`

006: ID 0955:7523 NVidia Corp. APX 的裝置，如下圖。這時候可以接上 DisplayPort 螢幕來確認系統是否安裝成功。

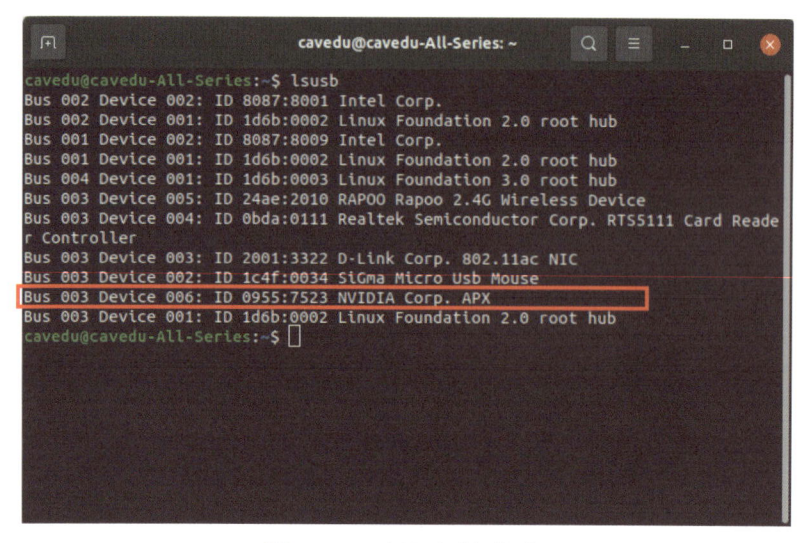

圖 2-11 確認安裝成功

Step 18 如果正確進入 Recovery mode，NVIDIA SDK Manager 會自動偵測到您所連接的 Jetson Orin Nano 裝置，這時候請選擇 **Jetson Orin Nano(8GB developer kit version)**，如下圖。

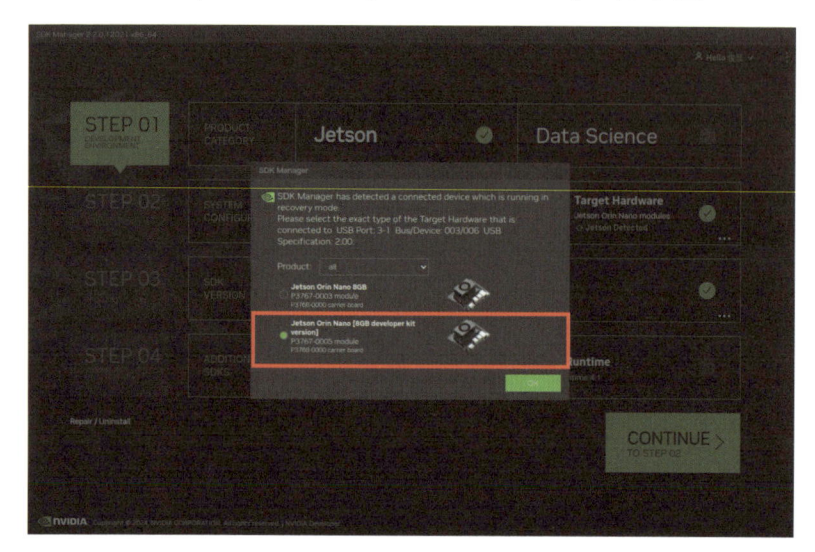

圖 2-12 選擇 Jetson Orin Nano 開發套件

Step 19 初次操作時，請取消勾選 **Host Machine**，並且將 Target Hardware 選擇 **Jetson Orin Nano(8GB developer kit version)**，TARGET OPERATING SYSTEM 需要選擇 **JetPack5.1.1** 以上才可以將系統安裝至 SSD 當中，本書範例都使用 **Jetpack 6**。而如果您要享受黃仁勳先生所說 Jetson Orin Nano Super 的 1.7 倍算力提升的話，則需選擇 **Jetpack 6.1** 以上。下圖為最新的 **Jetpack 6.2**：

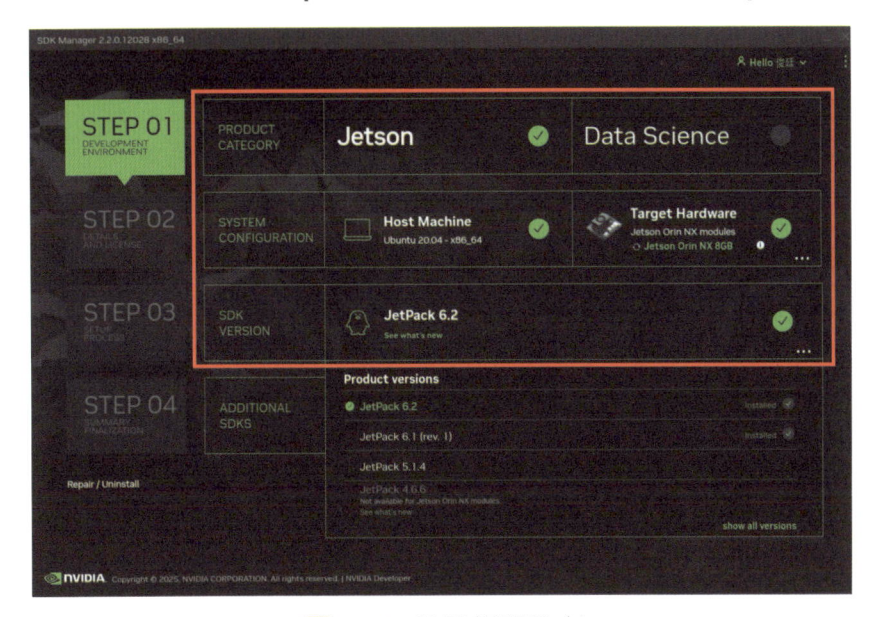

圖 2-13 確認相關設定

Step 20 選擇要下載的項目，在此使用預設設定來下載全部所需套件。請記得勾選下方的 **I accept the terms...**，如果要馬上安裝，則不要勾選 **Download now. Install later** 選項，如果想先下載之後再安裝，則可勾選該選項。

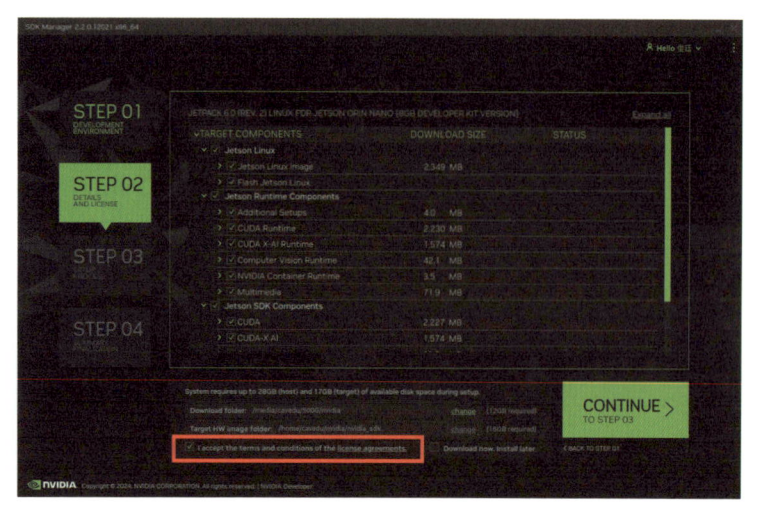

圖 **2-14** 列出要安裝的套件清單

Step **21** 開始安裝前需要輸入 Ubuntu 系統密碼，接著跳出以下安裝選項。安裝選項需要選擇 **Manual Setup**（如有出現該選項再選擇此選項，經實測自動安裝會報錯），**OEM Configuration** 選擇 **Pre-Config**，帳號密碼請自由設定，本書都設定為 jetson。最重要的一點是把 **Storage Device**（**儲存裝置**）由下拉式選單中選擇 **NVMe**，也就是 SSD 儲存空間，這樣就能把系統安裝至 SSD 中了。最後，按下畫面下方的 **Flash** 就會開始安裝系統。

圖 **2-15** 確認安裝路徑為 SSD

Jetson Orin Nano 初體驗

安裝需要一點時間，請耐心等候泡杯咖啡吧！

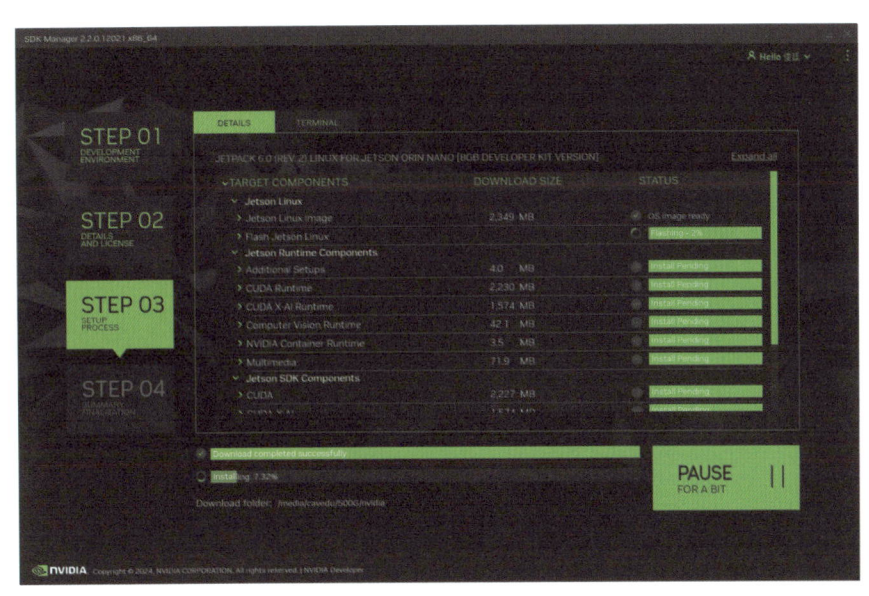

圖 2-16 安裝過程畫面

Step 22 上述安裝過程中，首先會先安裝 Jetson Linux，也就是 Jetson Orin Nano 的 Ubuntu 20.04.06 LTS 作業系統，正確安裝之後會自動開機，Jetson Orin Nano 的外接螢幕會看到系統桌面，如下圖。

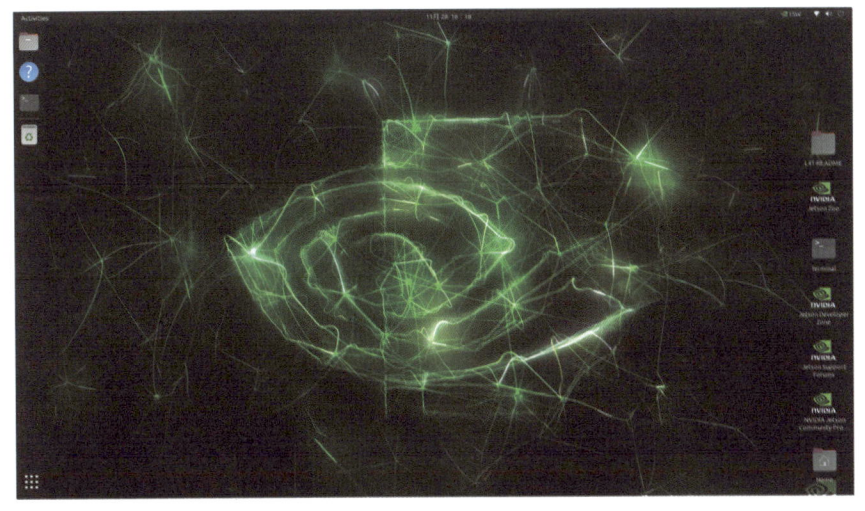

圖 2-17 Jetson Orin Nano 開機桌面

2-13

Step 23 在安裝好 Jetson Linux 並確認正常開機之後,輸入剛剛建立的 Jetson 帳號密碼按下 **Install**,就可以繼續安裝 Jetson Runtime Components 與 Jetson SDK Components(就是對應的 Jetpack 套件)。

圖 2-18 接續安裝其餘套件

Step 24 全部安裝完成後如下圖,請按右下角的 **FINISH AND EXIT** 離開 SDK Manager。恭喜,您的 Jetson Orin Nano 已經可以使用了!

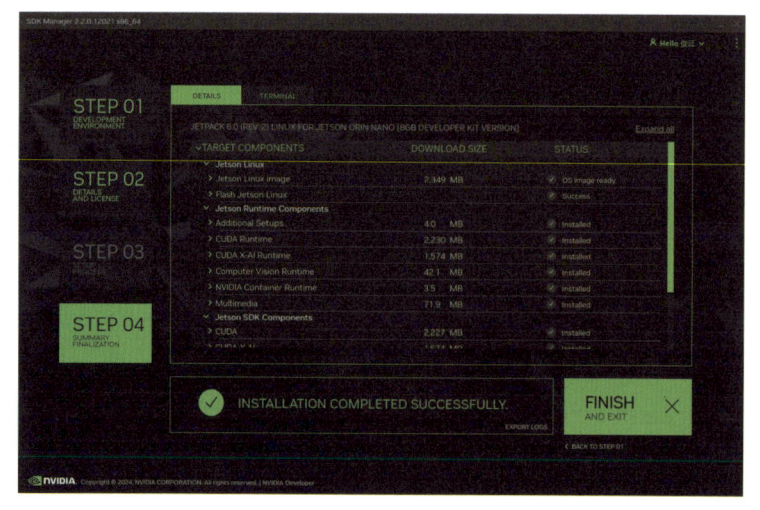

圖 2-19 安裝完成

Jetson Orin Nano 初體驗

2.1.4 硬體架設與開機設定

接著來認識一下 Jetson Orin Nano 各個接頭用途，請看下圖。

圖 2-20　Jetson Orin Nano 各接頭介紹，來源：NVIDIA 官方頁面[1]

1. Micro SD 卡插槽

2. 40pin GPIO 排座

3. 電源指示 LED

4. USB-C 傳輸埠，只用於資料傳輸，不用於供電

5. Gigabit 乙太網路接頭

6. USB 3.1 type-A 接頭（4 個）

7. DisplayPort 接頭

8. 19V 直流電源輸入

9. MIPI CSI 攝影機接頭

請根據以下步驟讓 Jetson Orin Nano 開機吧！

2-15

Step 25 **[如使用 SSD 請跳過本步驟]** 請把 SD 卡插入 Jetson Orin Nano 底下的 SD 卡插槽，底部有一個彈簧卡榫，推到底會卡住，再按一次就會反向推出 SD 卡方便拿出來。

圖 2-21 插入已燒錄好的 micro SD 卡，來源：NVIDIA 官方頁面[1]

Step 26 接下來需要接上電源，Jetson Orin Nano 需使用合乎原廠規格的直流電源，否則可能無法正常運作或損壞。詳細配件請參考 NVIDIA 原廠說明[1]以及機器人王國整理的 Jetson Orin Nano 套件包[7]。如果您是要將 Jetson 當作一般 PC 來使用，請在接上電源之前，先將其他外接硬體（螢幕、鍵盤、滑鼠）接好之後再連接電源，這樣是最安全的建議作法。鍵盤滑鼠有很多選擇，可以買共用同一個 USB 發射器的鍵鼠組，可以節省一個寶貴的 USB 接頭喔！

圖 2-22 原廠 DC 電源供應器

Jetson Orin Nano 初體驗 **2**

使用原廠的 19V 2.37A 變壓器電源線接上電源之後,如果開發板上亮起綠燈就代表 Jetson Orin Nano 已經啟動囉!

Step 27 順利開機之後就會看到 Ubuntu 的登入畫面了。

圖 **2-23** 將 Jetson Orin Nano 作為桌上型電腦來開機

Step 28 請依序設定好以下內容:

同意條款→選擇語言→選擇鍵盤排列方式→選擇時區→設定帳號及密碼→ App Partition Size。這些設定後續都可再次進入 Ubuntu 的系統設定中來修改。

Step 29 設定完成,再稍等一下就可以看到 Ubuntu 桌面環境,如要做其他設定可到 Ubuntu 官方網站[9] 或搜尋相關資源。常見操作如上網或文書處理應該是與 Windows 相當類似,但本書多數操作都是在終端機或 Jupyter Lab 中完成。

2-17

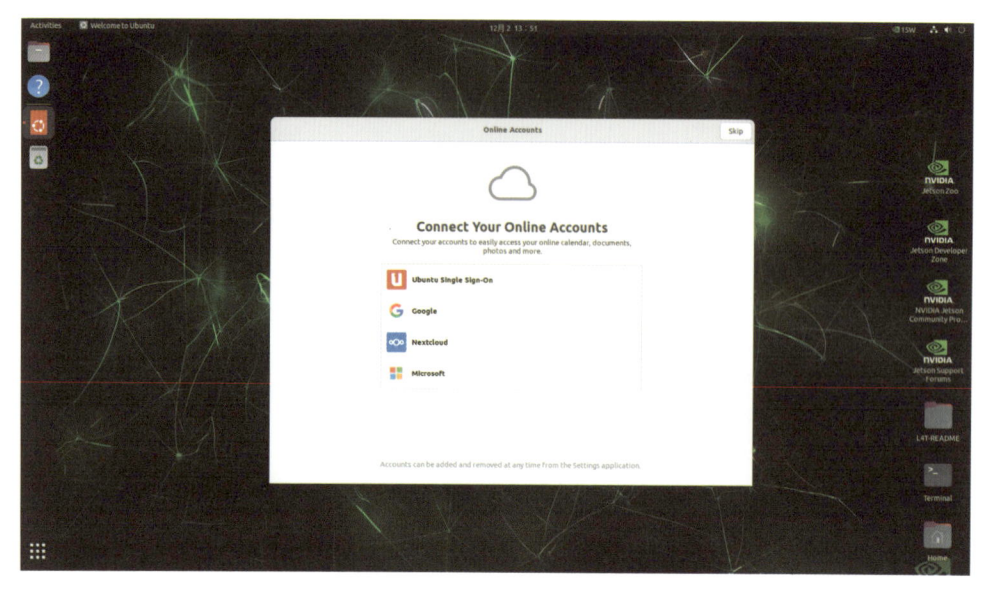

圖 2-24　Jetson Orin Nano 開機後的桌面環境

桌面上也有兩個 NVIDIA 的捷徑：Nvidia Jetson Developer Zone[10]、NVIDIA 開發者論壇[11]，點選後會連結到官方頁面和論壇，上面有許多關於 Jetson Orin Nano 的資料。

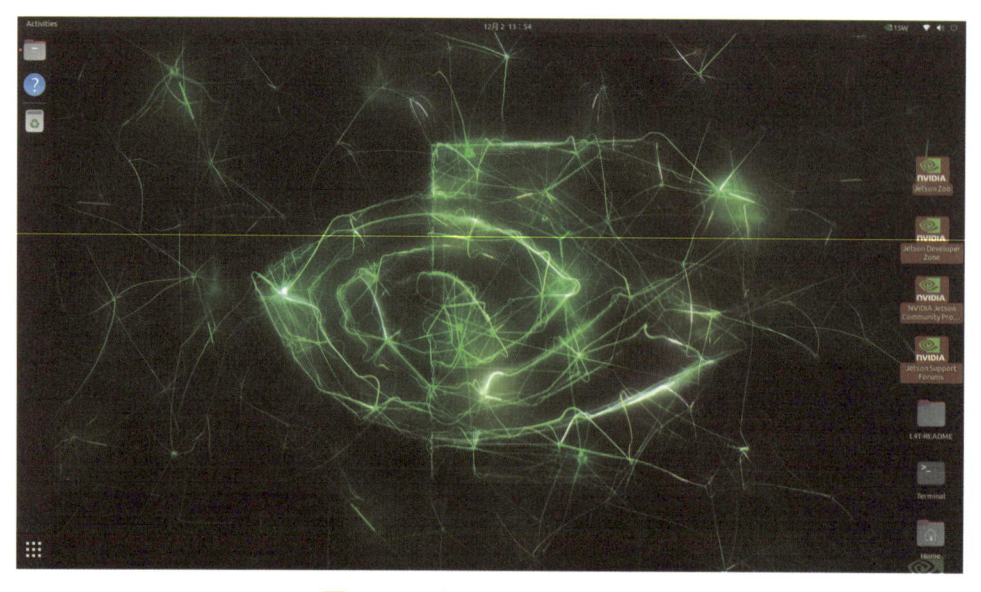

圖 2-25　桌面上的資源捷徑

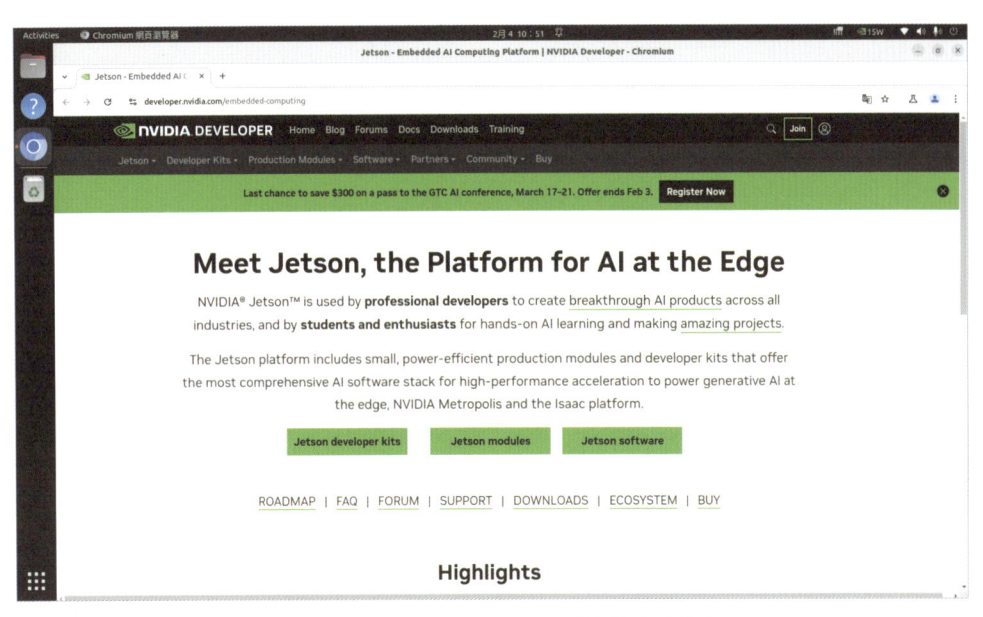

圖 2-26　NVIDIA Jetson 開發者專區

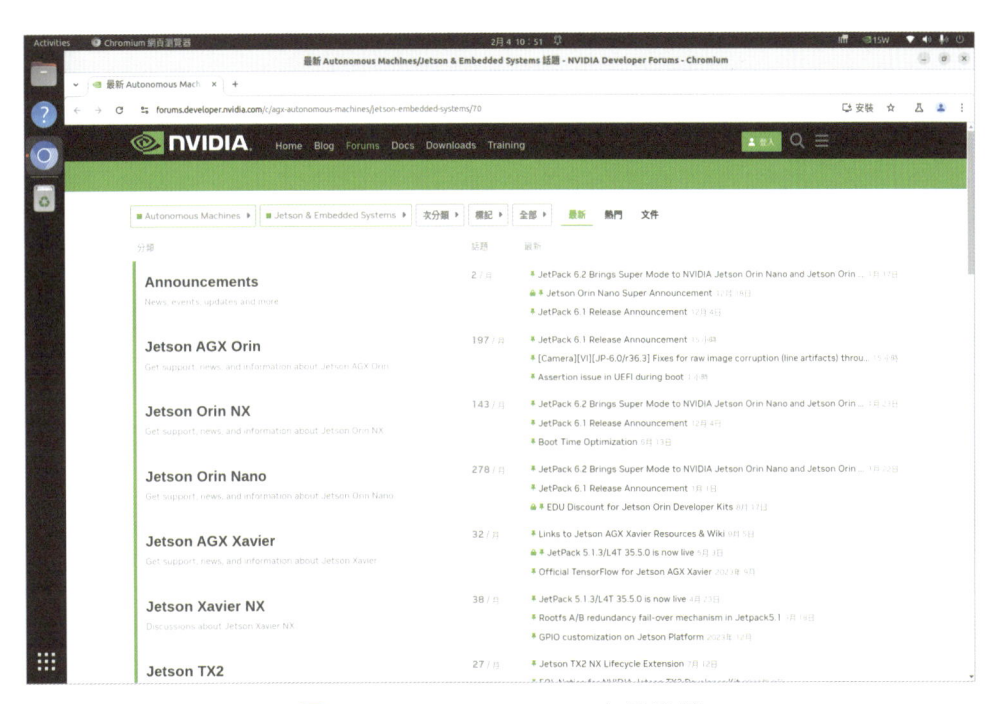

圖 2-27　NVIDIA Jetson 支援論壇

2-19

Step 30 檢查映像檔有無燒錄成功

如果您的 Jetson Orin Nano 無法順利開機的話，有兩種方法檢查映像檔有無燒錄成功：

1. 連接螢幕、鍵盤、滑鼠來開機，查看系統可否正常開機啟動。
2. 使用 USB type-C 線與 Jetson 進行遠端連線，確認系統是否正常執行，這會在 2.1.5 節說明。

Section 2.2 基礎系統操作

2.2.1 Wi-Fi 連線

Jetson Orin Nano 支援 Wi-Fi 無線網路以及實體乙太網路線等基礎連線方式。如果使用實體網路線，只要直接把網路線接上 Jetson Orin Nano 的網路孔就能上網，但考量到邊緣裝置的應用情境，本書還是建議您使用遠端登入的方式來操作 Jetson Orin Nano，真的很方便！

我們先從桌面環境來說明如何連上無線網路，這裡就和一般的電腦操作方式完全相同。桌面右上角有個 Wi-Fi 圖示，點選之後可以選擇想要連接的 Wi-Fi 熱點，輸入網路密碼就完成了。

圖 2-28 桌面右上角的 Wi-Fi 圖示

Jetson Orin Nano 初體驗

2.2.2　SSH 遠端連線

連上網路之後，就可以試試看遠端登入 Jetson Orin Nano 了。常見的方式是遠端桌面與 SSH 連線，但前者對於網路連線品質有一定的要求，因此本書將以 SSH 連線為主。本節將介紹兩種 SSH 連線軟體：puTTY 與 MobaXterm，但第一件事還是要讓 Jetson Orin Nano 先連上網路。

請讓 Jetson Orin Nano 與後續要進行遠端登入的電腦連上同一個 Wi-Fi 熱點，點選 Jetson Orin Nano 桌面左上角的「**Search your computer**」，輸入「**Terminal**」來開啟終端機，或在桌面任意處點選滑鼠右鍵，再點選「**Open Terminal**」也可以。

圖 **2-29a**　搜尋終端機小程式

圖 **2-29b**　輸入「terminal」即可看到終端機小程式

在 Terminal 中輸入以下指令來查詢 IP：

```
ifconfig
```

會出現以下畫面：

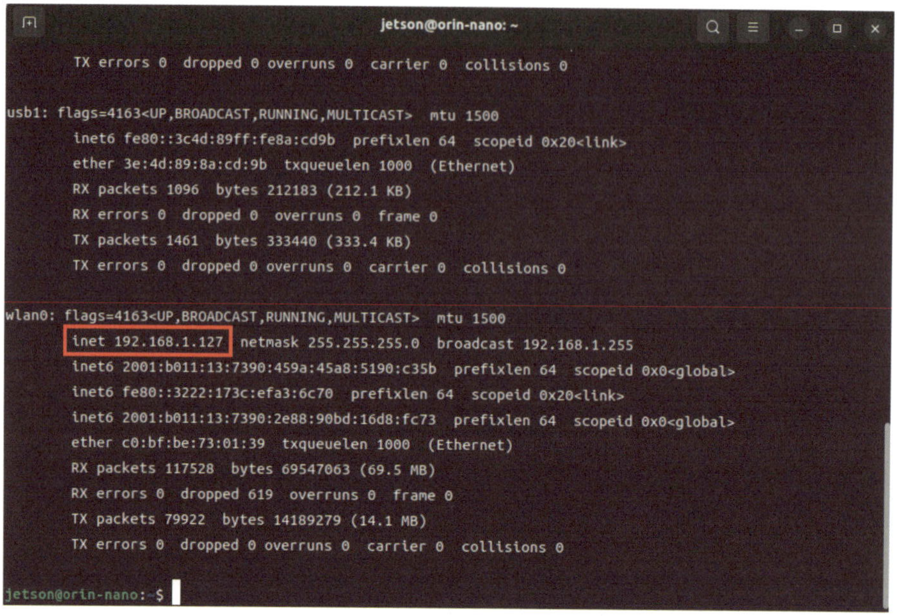

圖 **2-30** `ifconfig` 指令執行結果

找到 `wlan0` 段落，`inet` 後面的這一串數字就是 Jetson Orin Nano 的無線網路 IP，如果您是用有線網路的話，請找到 `eth0` 段落。由上圖可以知道這台 Jetson Orin Nano 的無線網路 IP 是 `192.168.12.127`。

如要從 Windows 系統連入 Jetson Orin Nano，則可用 PuTTY 或 MobaXterm 這類小軟體，後續段落就會介紹如何操作。如果是 MAC 或 Linux 系統使用者，則可直接從終端機輸入 SSH 連線指令：`ssh jetson@<IP>`，其中 `jetson` 是上述步驟所設定的使用者帳號名稱，`<IP>` 是 Jetson Orin Nano 連上網路後所取得的 IP 位址。輸入本指令之後，再輸入您所設定的密碼即可登入。

使用 PuTTY 進行連線

PuTTY[12] 是 Windows 作業系統上常見的連線小軟體，下載之後直接開啟即可。請根據以下步驟操作：

2-22

Step 01 開啟 PuTTY 軟體。

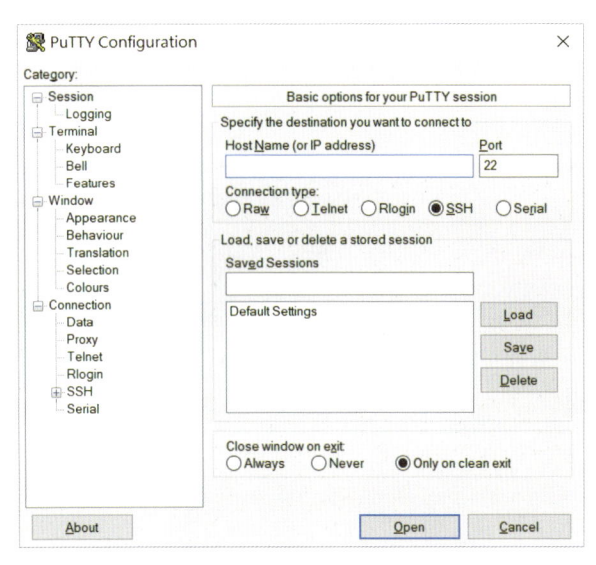

圖 2-31 puTTY 初始畫面

Step 02 在 **Host Name** 欄位中輸入 Jetson Orin Nano 的 IP 位置，再點選 **Open** 按鈕。

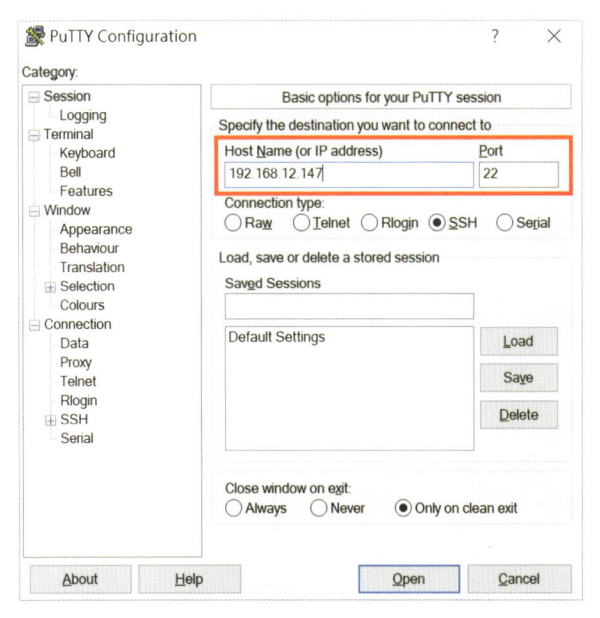

圖 2-32 輸入 Jetson Orin Nano IP

Step 03 輸入 Jetson Orin Nano 的帳號與密碼之後按下 `Enter`，如出現以下終端畫面則代表連線成功。使用完畢之後，輸入 `sudo shutdown -0` 就可以中斷連線與關機。

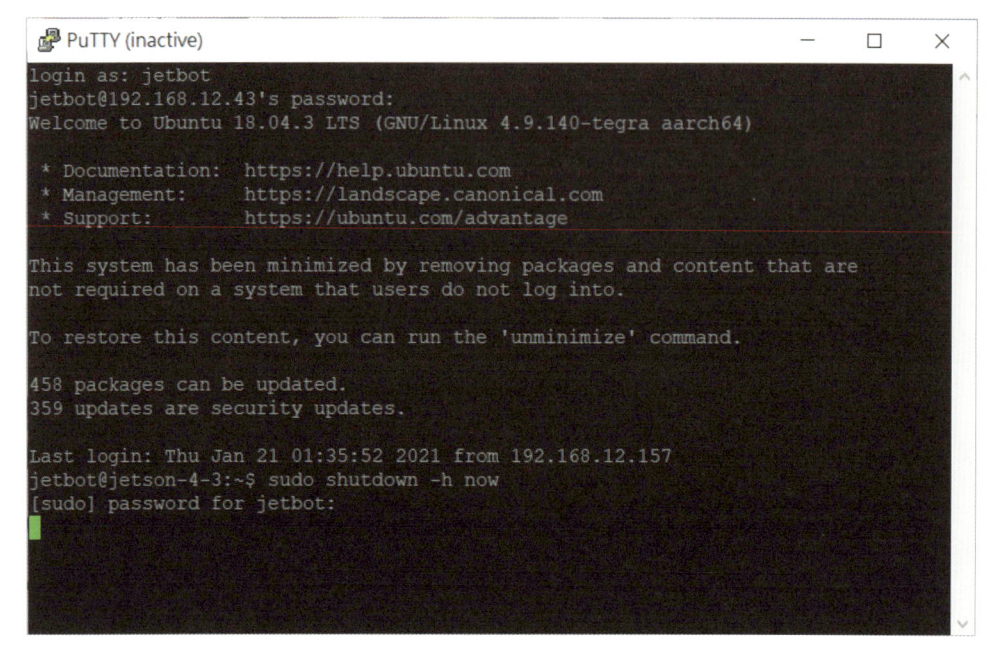

圖 2-33 順利登入 Jetson Orin Nano

使用 MobaXterm 連線

MobaXterm[13] 是一款整合式連線軟體，除了 SSH 之外也支援 Telnet、FTP 與 VNC 等通訊協定，另一個好用的地方是可透過拖拉放的方式來上傳下載檔案。本書使用 MobaXterm portable 免安裝版，請下載之後解壓縮找到執行檔開啟即可。

Step 01 第一次開啟 MobaXterm 會出現如下畫面，請點選左上角的 **Session** 圖示。

Jetson Orin Nano 初體驗

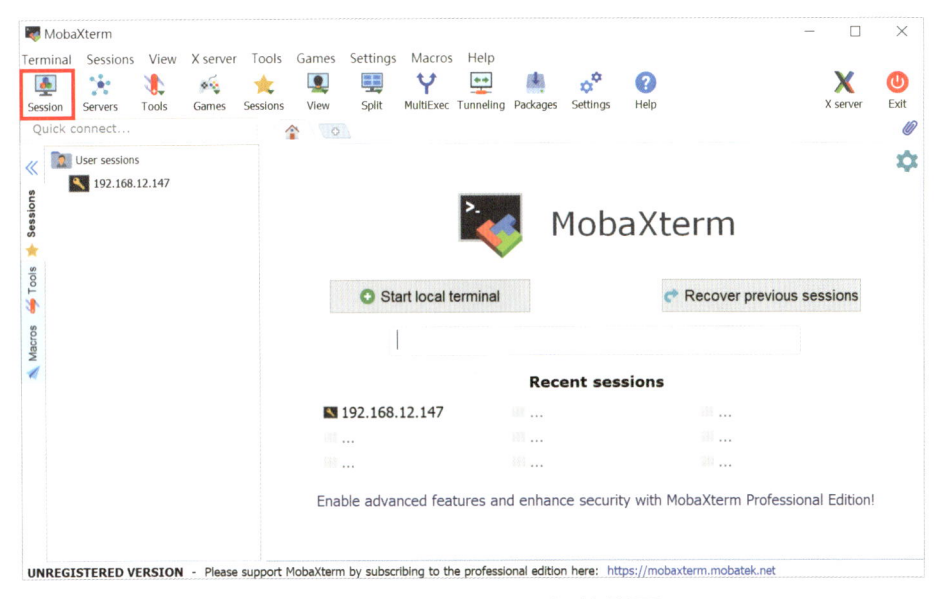

圖 2-34　MobaXterm 初始畫面

Step 02 選取 **SSH** 之後按下 **OK**。

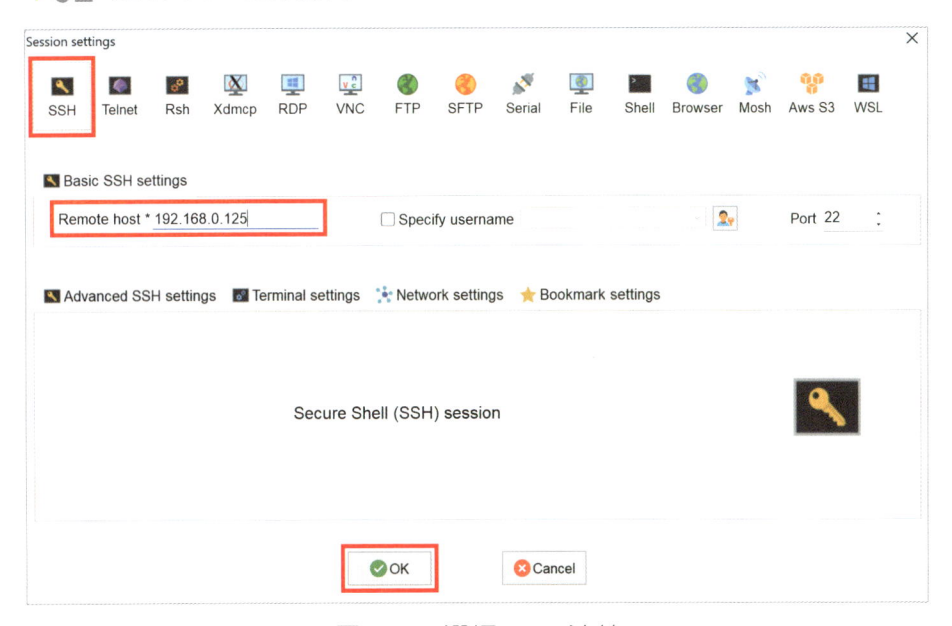

圖 2-35　選擇 SSH 連線

2-25

Step 03 輸入 Jetson Orin Nano 的 IP 位址，並使用預設的帳號密碼（`jetson`）來登入。請注意為了安全性考量，多數終端機輸入密碼時不會有任何視覺回饋。登入完成會看到如下圖的畫面，左側代表現在所處路徑（`/home/jetson`）的資料夾內容。

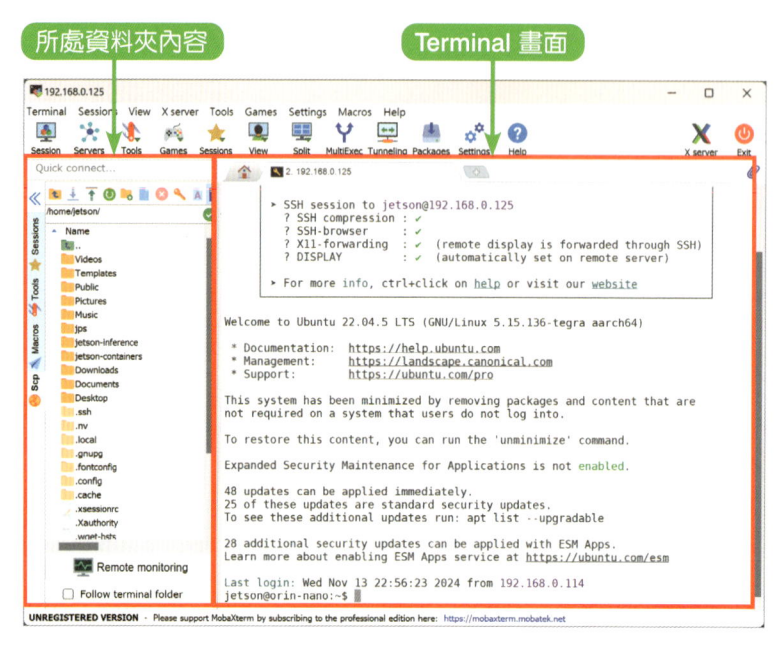

圖 **2-36** 順利登入 Jetson Orin Nano

上圖中的畫面左側，就是 Jetson Orin Nano 的 `/home/jetson` 資料夾內容，只要把想要的檔案拖放到您電腦的任意資料夾，或是把電腦端的任意檔案同樣以拖放的方式放到這個視窗中即可，這樣電腦與 Jetson Orin Nano 就能互傳各種格式的資料了。畫面右側為終端機畫面，操作方式等同直接在 Ubuntu 系統開啟終端機。

SSH 連線軟體的選擇非常多，我們當然無法全部都玩過一遍才推薦，甚至在 Mac 與 Linux 系統中的終端機也可以直接進行 SSH 連線。但 MobaXterm 提供了非常方便直覺的圖形化介面來對 Jetson Orin Nano 傳輸資料。這樣就不再需要另外準備隨身碟來存取檔案了。因此本書會使用 MobaXterm 來與 Jetson Orin Nano 連線。如果您發現更好用的軟體的話，記得和我們說喔。

Step 04 使用完畢之後，同樣輸入 `sudo shutdown -h 0` 就可以關機。再次打開 MobaXterm 可以發現視窗畫面不太一樣了，多了 **Recover previous sessions** 按鈕可以快速重建上一次的連線，也可點選下方區域中的最近連線 IP 位置。

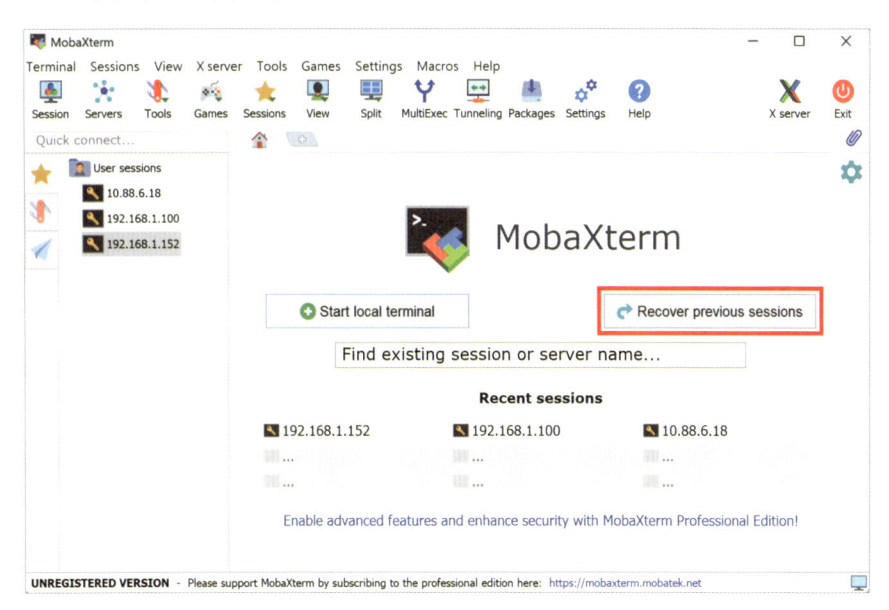

圖 2-37 回復上一次連線

2.2.3 USB 對接電腦與 Jetson Orin Nano

第二種遠端登入方式是使用 USB 傳輸線線對接您的電腦與 Jetson Orin Nano，當然這樣不算真正的遠端登入，只是不需要用到螢幕而已。這個做法的好處是不需要網路連線。請根據以下步驟操作：

Step 01 首先使用 DC 接頭來供應 Jetson Orin Nano 電源。Jetson Orin Nano 會由變壓器中的 DC 接頭來取得電源，詳細說明請回顧本章 2.1 節。

Step 02 使用 USB type-C 傳輸線來連接電腦與 Jetson Orin Nano 的 USB type-C 接頭。Jetson Orin Nano 開機成功時，電腦會把它辨識為一個名為 `L4T-README` 的磁區，如下圖。

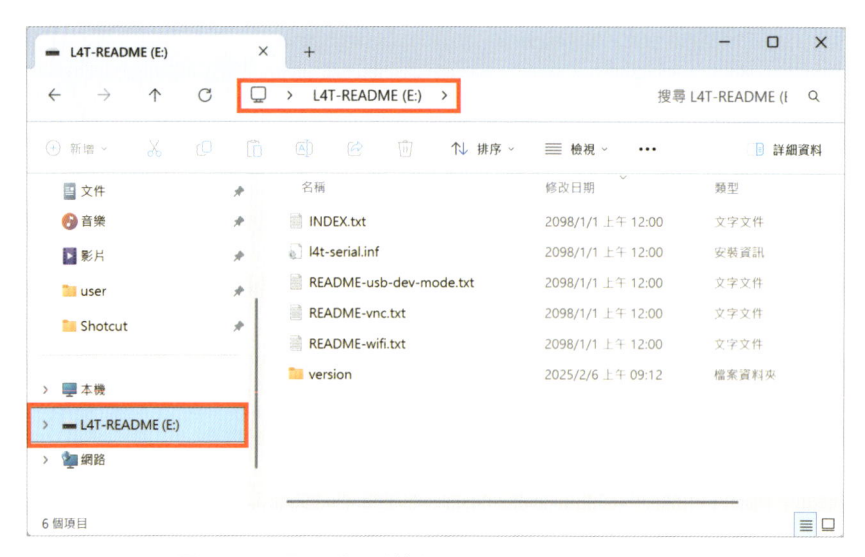

圖 **2-38** 電腦順利偵測到 Jetson Orin Nano

Step **03** 您的電腦這時已可透過 Jetson Orin Nano 新增的虛擬區域網路與 IP 位置彼此溝通了，這個 IP 固定為 **192.168.55.1**，且與 Jetson Orin Nano 當下是否連上網路無關。

Step **04** 在您的電腦上開啟任意網頁瀏覽器，輸入 192.168.55.1，並用預設的帳號密碼來登入 Jetson Orin Nano。這樣就順利登入了。

Step **05** 如果您在遠端登入（也就是沒有實體螢幕）的情境下想要連到另一個無線網路，請在終端機中輸入本指令：

```
sudo nmtui
```

在圖 2-39 的畫面中，選擇 **Activate a connection** 啟用連線，在無線網路選擇環境中要連線的 Wi-Fi 訊號名稱 (SSID) 以及輸入 Wi-Fi 密碼，密碼正確後就會在成功連線的無線網路名稱左邊顯示 * 字符號。接著回到主頁選擇 **Back** 離開後，就可順利連上指定無線網路。如果無法順利連線請再次檢查相關軟硬體設定。

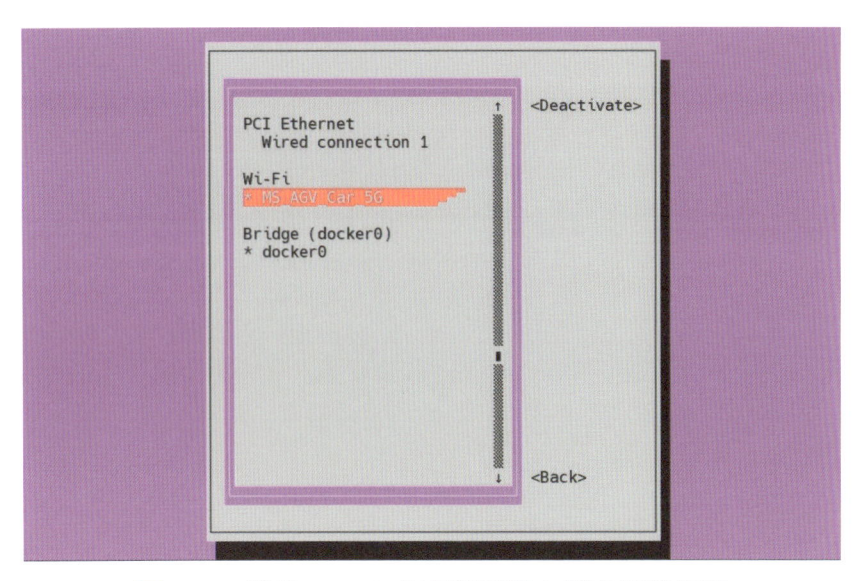

圖 2-39 使用 nmtui 介面順利連上指定無線網路

2.2.4 jtop 系統管理員

Jetson Stats[14] 是一個專為 NVIDIA Jetson 系列（包括 Orin、Xavier、Nano、TX 等）設計的套件，用於監控和控制裝置。此工具由 Raffaello Bonghi 開發，並在 NVIDIA 開發者社群中分享。

Jetson Stats 提供了強大的命令列介面來得知開發板的大小狀態，您可以透過獨立應用程式 jtop 即可使用，或在 Python 腳本中導入。主要功能包括：

- 硬體架構、L4T 和 NVIDIA Jetpack 資訊
- 監控 CPU、GPU、記憶體、引擎和風扇狀態
- 控制 NVP 模型、風扇速度和 jetson_clocks
- 可在 Python 腳本中匯入
- 支援在容器中運行
- 無需系統管理者權限
- 已在多種硬體配置上測試，並相容所有 NVIDIA Jetpack 版本

請用以下指令安裝：

```
sudo pip3 install -U jetson-stats
```

如果沒有安裝 pip3 套件，請先用以下指令安裝 pip3

```
sudo apt-get install python3-pip -y
```

完成之後重新開機，輸入以下指令即可進入 jtop 介面：

```
jtop
```

jtop 各分頁功能說明與截圖如下：

- **ALL**：總覽分頁。畫面上方可看到裝置型號、運行時間、CPU 使用率與頻率、記憶體和風扇狀態，以及電力消耗狀況。畫面中央則可看到目前執行中的行程，包含 CPU、GPU 和記憶體的使用情況。下方則是硬體狀態（**HW engines**）、溫度（**Sensor**）與耗電（**Power**）等資訊。

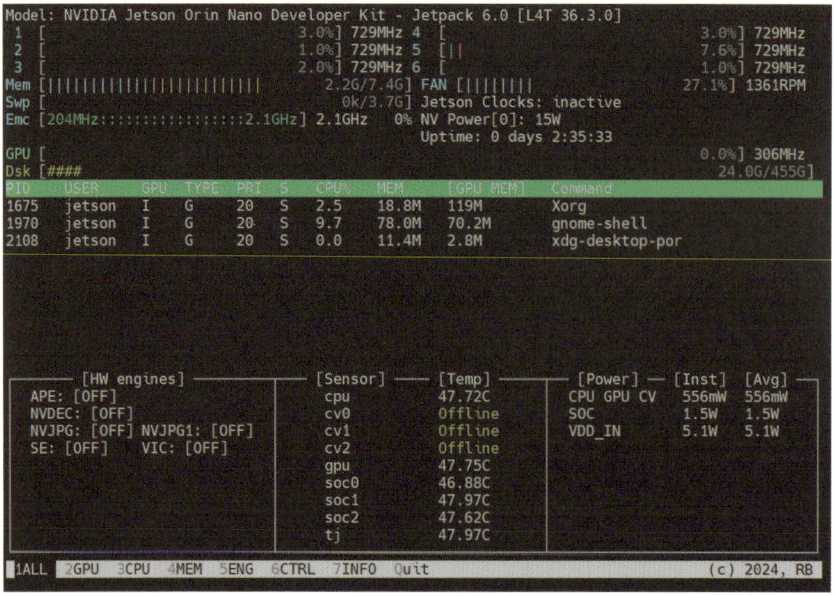

圖 2-40a jtop 的 **ALL** 分頁

- **GPU**：GPU 頁面，顯示 Jetson GPU 溫度、使用率和共享記憶體狀況。左側圖表追蹤 GPU 使用率，右側則是共享記憶體的使用變化。下方則可看到正在使用 GPU 的行程與其資源消耗情況。

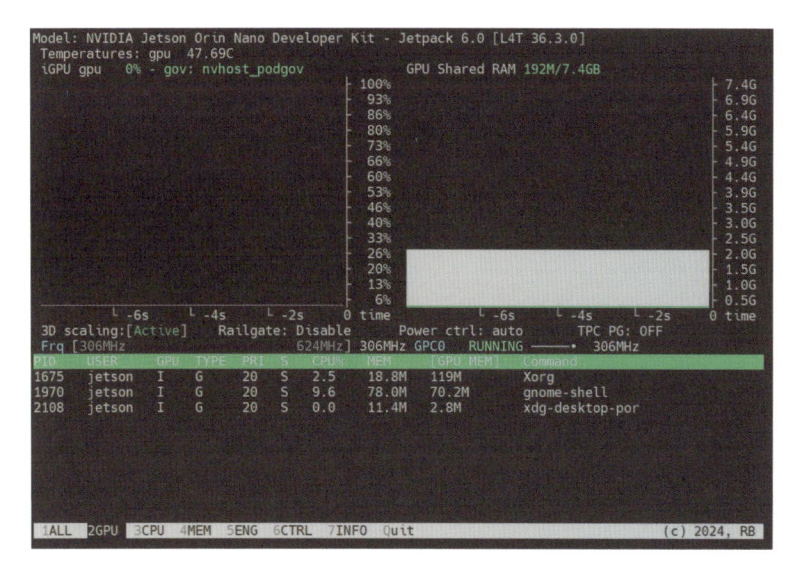

圖 **2-40b** jtop 的 **GPU** 分頁

- **CPU**：CPU 頁面，可即時檢視每個 CPU 核心的使用率和時脈。畫面上方是所有 CPU 的總使用率，下方則是個別核心的詳細資料。

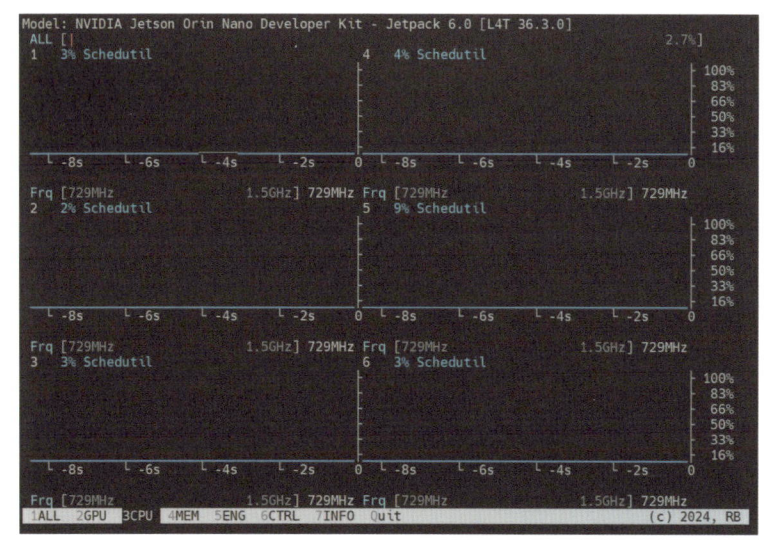

圖 **2-40c** jtop 的 **CPU** 分頁

2-31

- **MEM**：記憶體分頁，以圖面呈現 RAM 和 SWAP 的使用情況，並列出壓縮記憶體（zram）的分區訊息與即時用量。使用者可在本分頁清除快取、設定或新建 SWAP 檔。

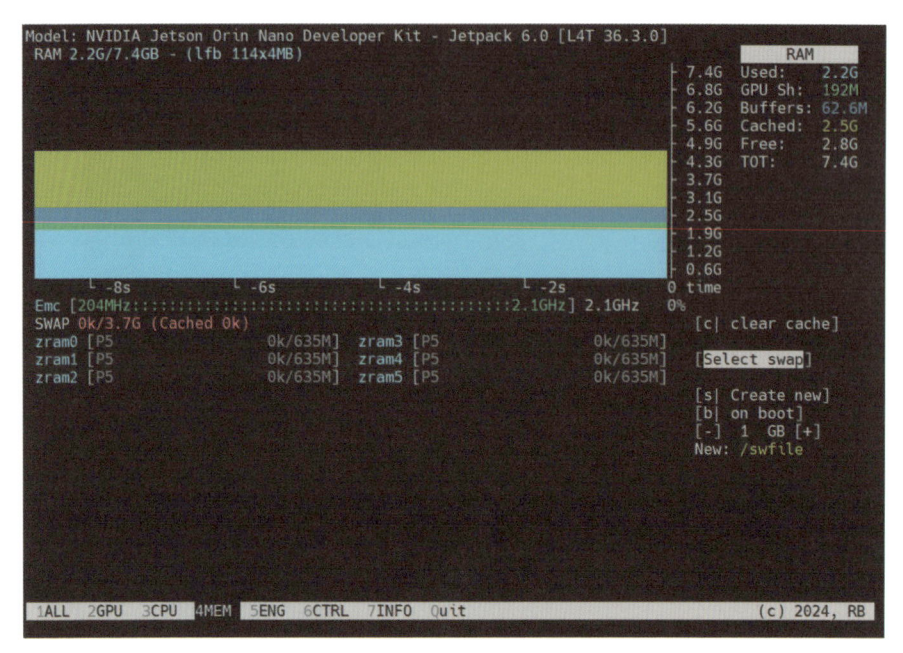

圖 **2-40d** jtop 的 **MEM** 分頁

- **ENG**：硬體引擎分頁，顯示硬體加速模組的狀態，例如音訊處理（APE）、影片解碼（NVDEC）與 JPEG 編解碼（NVJPG）等。可即時檢視每個引擎的當前工作頻率和是否啟用，方便使用者監控硬體加速引擎的使用情況以便分配系統資源。

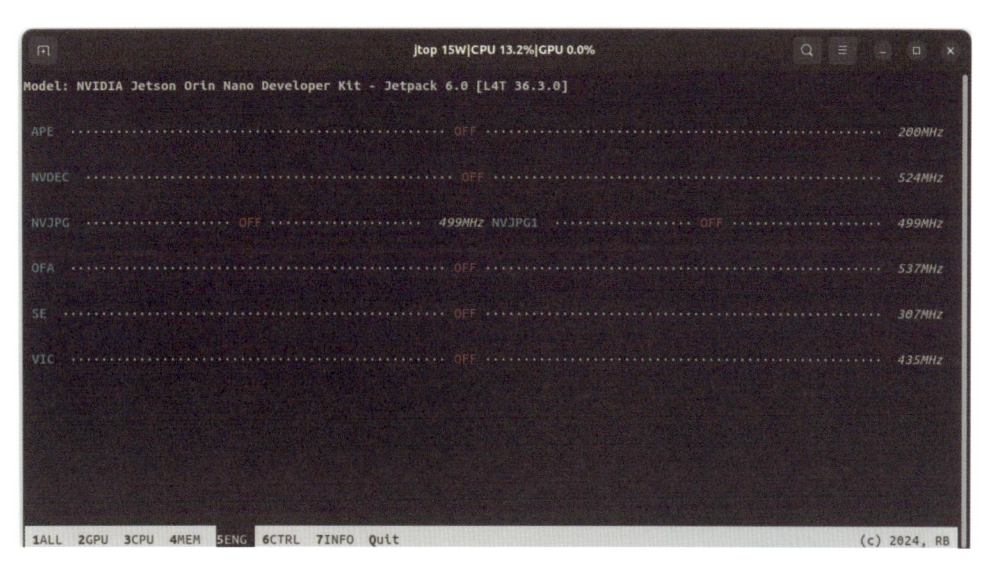

圖 2-40e　jtop 的 **ENG** 分頁

- **CTRL**：控制頁面。畫面上方可看到風扇轉速（**RPM**）、設定檔（**quiet**、**cool**、**manual**，或用 **+/-** 來自行調整）。畫面左下角的 **Jetson Clocks** 則可調整裝置的運行時脈來開閉最佳性能模式，以及切換電源模式（**15W**、**7W** 與 **MAXN**）。畫面右下則列出各模組的即時功耗、電壓和電流，便於能源管理。

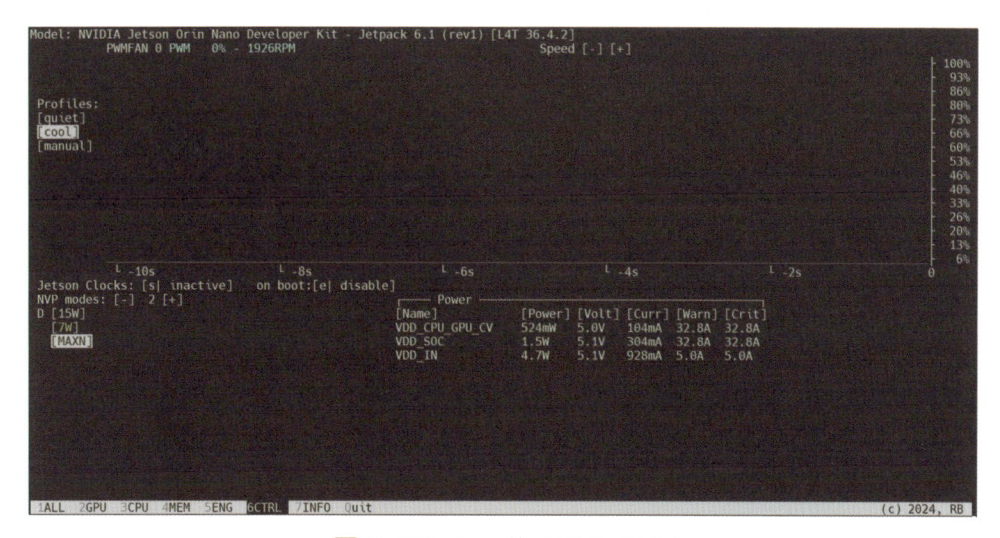

圖 2-40f　jtop 的 **CTRL** 分頁

- **INFO**：系統資訊頁面，左側為系統軟體資訊，包含 Linux Ubuntu 版本、Python 版本以及已安裝的軟體庫，例如 CUDA、cuDNN、TensorRT 與 OpenCV 等。右側則是系統與硬體基本資訊，包括 Jetson 裝置型號、作業系統版本、JetPack 版本和硬體序號。最後則是本機 IP 位址和主機名稱，便於網路連線檢查。

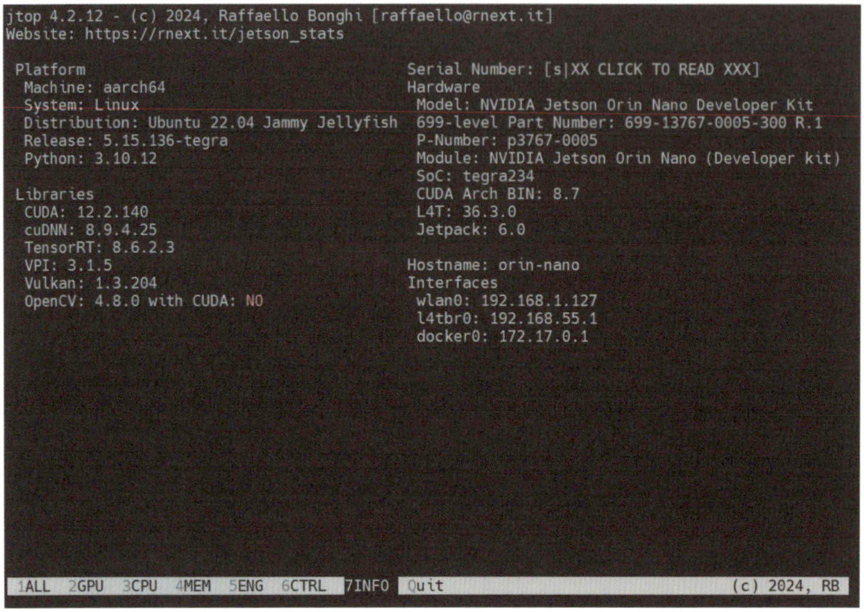

圖 2-40g jtop 的 **INFO** 分頁

2.2.5 攝影機設定與測試

近年來深度視覺結合視覺辨識已達到了前所未有的精確度，Jetson Orin Nano 目標就是鎖定要建置具備 AI 視覺相關功能的邊緣裝置，因此常見的 Jetson Orin Nano 專題幾乎都會用到了一台或多台攝影機。Jetson Orin Nano 可以外接 USB 攝影機，也相容 Raspberry Pi 的攝影機 Pi Camera（接到板子的 CSI 匯流排）。以下將說明兩種不同接頭攝影機的安裝與測試步驟。

羅技 C270 webcam

包含羅技其他型號的攝影機在內，市面上多數 USB 攝影機都支援 Video4Linux (V4L) 這款驅動程式，V4L 為 Linux 中的一系列裝置驅動程式，用於即時擷取來自網路攝影機的影像。在此之所以選擇這款在於價格與易取得性，您當然可以選擇自己喜歡的型號，只要 Linux 系統可以偵測到就好。

將攝影機連接上 Jetson Orin Nano 後，點選畫面左上角 Search，搜尋 **webcam**，點選 **Cheese Webcam Booth** 開啟這個小程式。

圖 2-41 搜尋 webcam

開啟後就會自動連接上攝影機鏡頭，點選視窗中間的按鈕即可拍照存檔，預設存檔路徑會在 **Pictures** 路徑下，視窗下方也會顯示以往拍攝的照片。

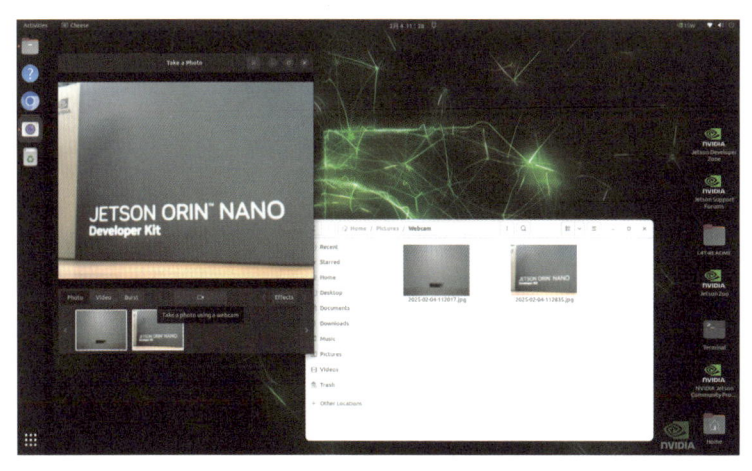

圖 2-42 開啟攝影機畫面

IMX219 攝影機模組

IMX219 是一款透過 CSI（camera serial interface）匯流排來控制的小型攝影機，可用於相容規格的單板電腦。IMX219 具備了 8 百萬像素的 Sony IMX219 影像感測器。影像模式支援 1080p30、720p60 與 VGA90。

IMX219 攝影機模組詳細規格請參考 WaveShare 原廠頁面[15]。您可根據實際需求來選用喜歡的攝影機。後續章節的範例就會密集使用到 webcam 或 CSI 相機，一定要正確設定才可以使用喔！以下根據原廠步驟[16]在 Jetson Orin Nano 安裝並測試 IMX219 攝影機模組。

Step 01 取出 IMX219，可以看到扁平的匯流排線，請注意不要彎折或壓到，並把原本隨附線材換成 CSI 軟排線（22 轉 15 pin）才可順利接上 Jetson Orin Nano，記得排線的金屬面要朝下才能正確讀取，如下圖。

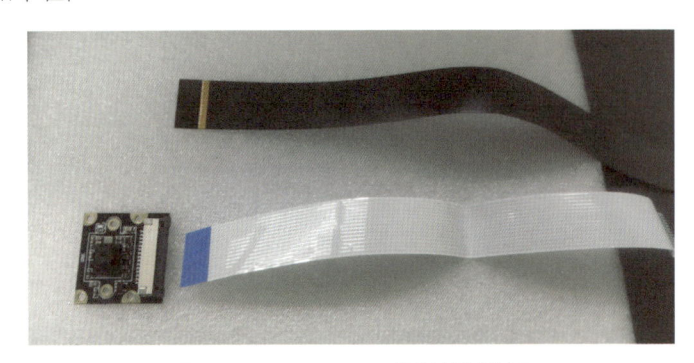

圖 **2-43a** IMX219 攝影機模組

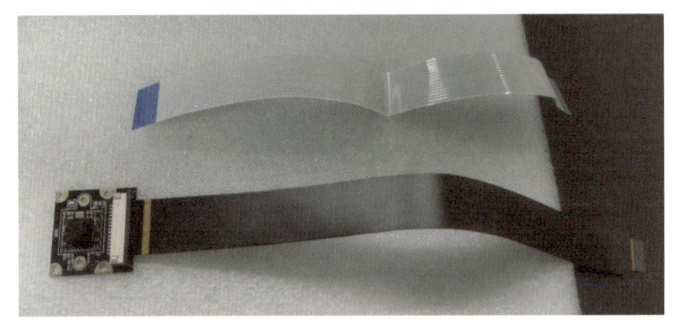

圖 **2-43b** IMX219 攝影機模組更換 CSI 軟排線後

Jetson Orin Nano 初體驗　**2**

Step 02 找到 Jetson Orin Nano 的 CSI 匯流排,有兩個,預設使用 CAM0（下圖箭頭處）,請把卡榫向上拉開,請注意只會拉開一小段,卡榫不會與本體分離,也請注意不要拔太大力可能會導致卡榫斷掉（請用合適工具把卡榫輕輕帶出）。

圖 2-44　向外拉出卡榫

Step 03 將相機的匯流排線有晶片那面朝下,確認排線與接孔的金屬部分都面向同一側,再把排線小心插入接孔（不要歪!）,最後把卡榫按壓回去固定,攝影機就安裝完成了。

圖 2-45　插入相機排線後固定卡榫

2-37

Step 04 在終端機輸入以下指令,看到攝影機畫面就代表成功啦!

```
nvgstcapture-1.0
```

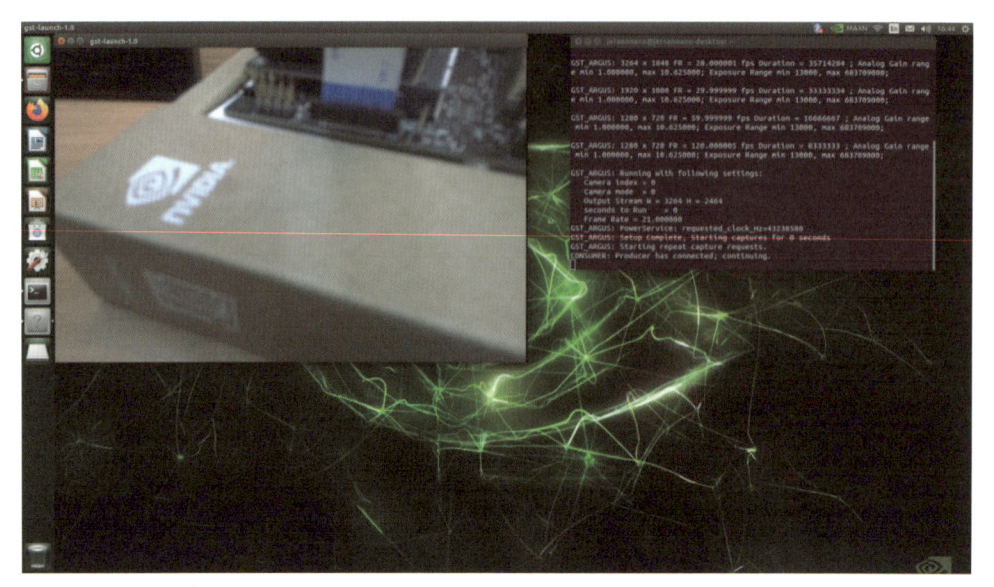

圖 2-46 成功看到 IMX219 Camera 畫面

Section 2.3 Jetson Orin Nano Super

本消息發布於 2024/12/17,地點是在 NVIDIA 執行長黃仁勳家的烤箱。所謂的 Super,實際上是讓 Orin Nano 的安全運作功率從原本的 15W 提升到 25W,藉此取得 1.7 倍的 AI 算力提升,完整效能評測請參考[17]。這樣還沒完,2025 年 1 月中又推出了 Jetpack 6.2 更新[18],又進一步提升了運算效能。只要您根據本節說明將 JetPack 升級到 6.1 以上,就能輕鬆解放 Orin Nano 的算力,還能根據使用情境來彈性調整電源模式,真的是非常聰明的做法。

Jetson Orin Nano 初體驗

更新 JetPack 6.2 之後，可在桌面右上角的電源選項來切換所需的電源模式，也會在上方顯示目前電源選項，如下圖的 **25W**：

如果是遠端連線，也可從終端機下指令來進入 MAXN SUPER 模式，指令最後的數字意義請參考下圖：

```
sudo nvpmodel -m 2
```

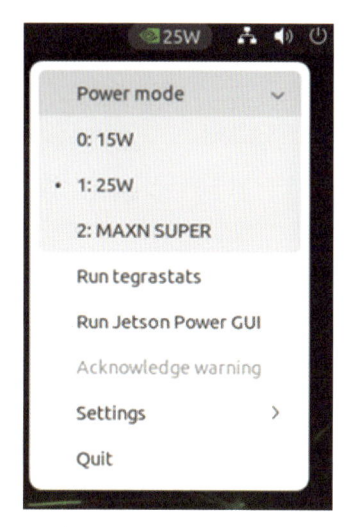

圖 2-47 更新 JetPack 6.2 之後的電源選項

就細節來說，Jetpack 6.2 為 Jetson Orin Nano 和 Jetson Orin NX 模組引入了「**Super Mode**」，解鎖了更高的 GPU、DLA 記憶體和 CPU 時脈頻率，使 Jetson Orin Nano 的 AI 性能提升為 1.7 倍，Jetson Orin NX 的性能提升則高達 2 倍。新的參考電源模式包括 25W 和未受限的 MAXN SUPER 模式，允許模組在更高功耗下運行來達到最佳性能（如果超過負荷，系統會自動降速以策安全）。建議使用者根據應用需求來選擇合適的電源模式，以在功耗、熱穩定性和運算效能之間取得平衡。

NVIDIA 目前只針對 Orin Nano 與 AGX Orin 推出開箱可用的開發者套件，如果您需要搭載 Jetson Orin NX 模組的邊緣裝置，可參考 SeeedStudio 的 J4012[19]。

2-39

Section 2.4 總結

恭喜你已經完成 Jetson Orin Nano 的基本設定，也知道如何遠端登入其 Linux 作業系統並在終端機中輸入指令來操作各種基本功能。下一章會介紹 NVIDIA 為 Jetson 平台所準備的各種範例，帶您進入深度學習結合機器視覺的世界，有很多好玩的範例等著您來體驗喔！

· CHAPTER ·

03

深度學習
結合視覺辨識應用

本章將說明如何在 Jetson Orin Nano 上執行各種視覺應用，包含最基礎的 OpenCV 圖像處理語法，還有 NVIDIA 原廠所準備的機器視覺神經網路函式庫：Jetson Inference，包含圖像辨識、物件偵測與圖像分割等許多直接可以執行的範例。期待您在本章打好基礎，後續章節中有更多範例等著您體驗！

所需硬體：

1. NVIDIA Jetson Orin Nano 開發者套件
2. USB 介面攝影機，例如羅技 C270
3. CSI 介面攝影機，例如 Pi Camera
   （第 2 與第 3 項，二選一即可）

> **小提醒！**
>
> Jetson Inference 中的範例屬於判別式 AI，也就是從圖像資料中根據所選用的模型取得某些結果或必要的資訊。本書將於最後一章說明如何在 Jetson 平台上執行生成式 AI 應用，這是目前最先進的技術，也是最令人期待的發展領域。

Section 3.1 OpenCV 電腦視覺函式庫

3.1.1 OpenCV 介紹

OpenCV[1-4]，全名 Open Source Computer Vision Library，是一個被廣泛使用的電腦視覺函式庫，可用於圖像處理、動態追蹤、圖形識別等諸多領域，不僅具備跨平台優勢（Linux、Windows、Mac 等作業系統都可執行），也提供了多種程式語言實作（例如：C++、Python、Java 等），更重要的是，它以 BSD 條款授權發行，無論是商業或者研究領域，都可以免費使用！

3.1.2 Jetson Orin Nano 上的 OpenCV

OpenCV 可以安裝於各主要作業系統，但安裝過程在早期談不上方便直觀，所以很多人會卡住。幸好，Jetson Orin Nano 於原廠映像檔中已安裝好 OpenCV，省去很多摸索與設定的時間。

請將 Jetson Orin Nano 開機（使用遠端登入或接實體螢幕都可以），開啟終端機並輸入以下指令來進入簡易系統管理員介面：

1-4　註解內容請見本書 github（https://github.com/cavedunissin/edgeai_jetson_orin）。以下註解皆是。

```
jtop
```

在 **[7INFO]** 分頁中，應可看到 OpenCV 為 4.8.0，代表安裝成功。OpenCV 應該都已隨著映像檔一併安裝好對應於 Jetpack 的版本，在此就當檢查安心一下囉！

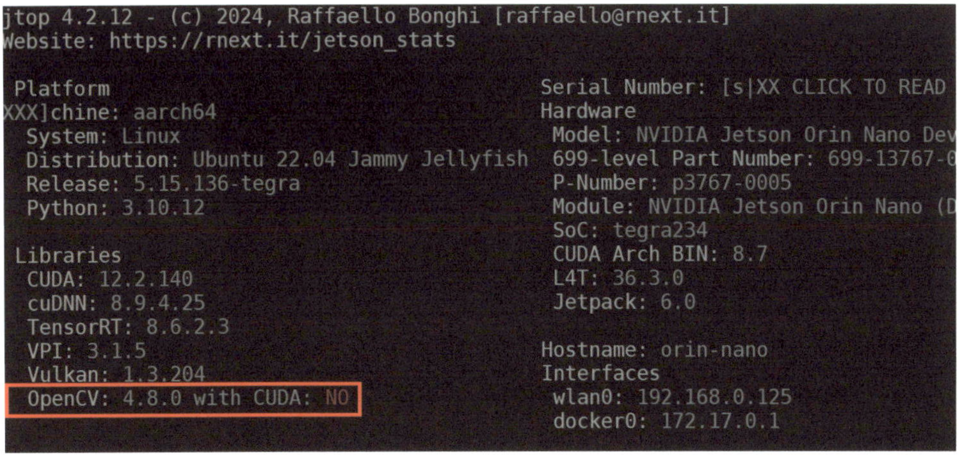

圖 3-1　在 jtop 中檢查 OpenCV 版本為 4.8.0

3.1.3　拍攝單張照片

請將您的 webcam 接上 Jetson Orin Nano 的 USB 接頭，接著在 terminal 中輸入以下指令查詢 webcam 的裝置編號，一般來說會是 `/dev/video0`。如果使用 pi camera 的話，則請改用 `csi://0`。

```
ls -ltrh /dev/video*
```

下圖中的查詢結果可看到 `/dev/video0`。

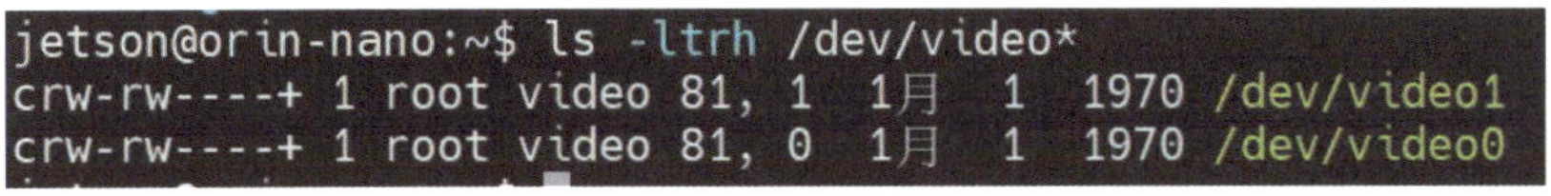

圖 3-2　檢查攝影機路徑

在終端機中輸入以下指令，使用 nano 文字編輯器建立並撰寫 Python 程式碼，後續只要使用相同指令就可繼續編輯同一支程式：

本章範例程式碼請由本書 GitHub 取得。

```
nano ex3-1.py
```

打開文字編輯器後在裡面輸入以下程式，此範例中會用到 OpenCV 的 `VideoCapture()` 來讀取圖像，以及 `imwrite()` 儲存檔案等功能。

ex3-1.py
```python
# 匯入 OpenCV 函式庫
import cv2
# 設定從哪顆鏡頭讀取圖像，在括弧中填入先前查詢到的 webcam 編號
webcam = cv2.VideoCapture(0)
# 讀取圖像
return_value, image = webcam.read()
# 儲存名為 picture.png 的照片
cv2.imwrite("picture.png", image)
# 刪除 webcam，避免圖像佔用資源
del(webcam)
```

寫完程式請記得按 Ctrl + O、Enter 存檔。也可按下 Ctrl + X 退出編輯介面回到終端機介面。

在終端機中輸入以下指令並按下 Enter 執行程式，就會透過攝影機來拍攝照片並另存圖檔。如果覺得太快拍照來不及準備好的話，可以加入 `time.sleep()` 來做到類似倒數計時的功能喔。

```
python3 ex3-1.py
```

深度學習結合視覺辨識應用

圖 3-3 *ex3-1.py* 執行後所拍攝的圖像

3.1.4 讀取、編輯、展示圖像

此範例使用 `imread()` 讀取先前使用 webcam 拍攝的圖像，`cvtColor()` 中的 `cv2.COLOR_BGR2GRAY` 參數會把圖像由從 OpenCV 預設的 BGR 彩色格式轉換為灰階，並使用 `imshow()` 啟動一個用於展示圖像的視窗。

ex3-2.py

```python
# 匯入函式庫
import cv2
import numpy as np

# 讀取圖像
img = cv2.imread('picture.png')
# 將圖像轉換為灰階
img_gray = cv2.cvtColor(img,cv2.COLOR_BGR2GRAY)
# 存檔
cv2.imwrite('img_gray.jpg',img_gray)
# 開啟視窗顯示圖像
cv2.imshow('img_gray',img_gray)
# 不刷新圖像
cv2.waitKey(0)
# 釋放資源
cv2.destroyAllWindows()
```

3-5

如同前一個範例,請在終端機中使用 python3 指令來執行本程式,執行結果如圖 3-4。

```
python3 ex3-2.py
```

圖 3-4 *ex3-2.py* 執行後所拍攝的 `img_gray.jpg`

3.1.5 提取顏色

OpenCV 提供了許多 API 來取得圖像中各像素的屬性。如果圖像中的顏色較為單一,這項技術可用於簡單的物件偵測、物體追蹤或是去除背景。

ex3-3.py

```python
# 匯入函式庫
import cv2
import numpy as np

# 讀取圖片
img = cv2.imread('picture.png')

# OpenCV 的顏色預設是 BGR 格式,這邊將其轉換為 HSV 格式
hsv = cv2.cvtColor(img, cv2.COLOR_BGR2HSV)
```

```
# 以 HSV 格式決定要提取的顏色範圍，顏色格式的說明請參考後續內容
lower = np.array([100,43,46])
upper = np.array([124,255,255])
# 將 HSV 圖像的閾值設定為想要提取的顏色
mask = cv2.inRange(hsv, lower, upper)
# 使用 bitwise_and() 來合併遮罩 (mask) 和原來的圖像
img_specific = cv2.bitwise_and(img,img, mask= mask)
# 存檔
cv2.imwrite('img_specific.jpg', img_specific)
# 展示原圖、遮罩、抽取顏色後的圖像
cv2.imshow('img',img)
cv2.imshow('mask',mask)
cv2.imshow(' img_specific ', img_specific)
cv2.waitKey(0)
cv2.destroyAllWindows()
```

執行效果如下圖，藍色區域被提取出來囉！您可以修改程式碼中的 lower 與 upper 數值來修改所要提取的顏色。

```
python3 ex3-3.py
```

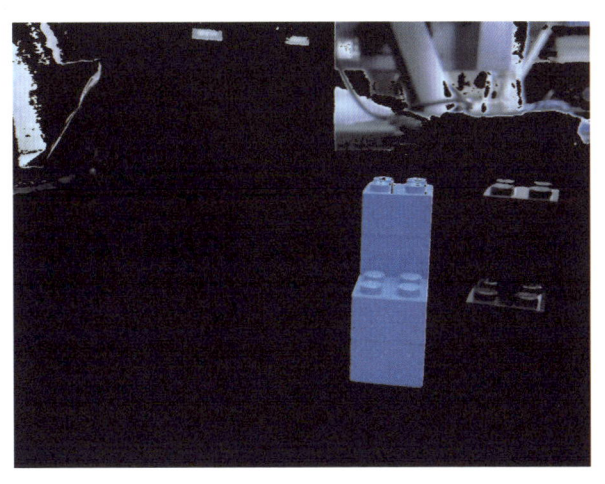

圖 3-5 *ex3-3.py* 執行後所拍攝的 `img_specific.jpg`

3.1.6 RGB、BGR、HSV 等常見顏色格式

本節簡單說明一下各個顏色表示的格式。RGB 中文為三原色光模式，是用紅（Red）、綠（Green）、藍（Blue）三原色的色光以不同比例疊加來產生各種色彩。請注意，OpenCV 的預設顏色格式為 BGR。如果需要改變格式，可以使用以下程式碼轉換。

```
cv2.crtColor(<圖像來源>, BGR2RGB) #BGR 轉 RGB
cv2.crtColor(<圖像來源>, RGB2BGR) #RGB 轉 BGR
```

RGB/BGR 轉換成 HSV[5] 就比較麻煩一點，各位朋友可以直接參考下表進行此篇文章的提取顏色實作。

	黑	灰	白	紅		橙	黃	綠	青	藍	紫
hmin	0	0	0	0	156	11	26	35	78	100	125
hmax	180	180	180	10	180	25	34	77	99	124	155
smin	0	0	0	43		43	43	43	43	43	43
smax	255	43	30	255		255	255	255	255	255	255
vmin	0	46	221	46		46	46	46	46	46	46
vmax	46	220	255	255		255	255	255	255	255	255

您也可以使用網路上的 RGB 轉 HSV 色碼轉換器[6] 找到自己需要的顏色，並修改 *ex3-3.py* 中的顏色範圍。不過一般的 HSV 色碼範圍分別為：H（0°~360°）、S（0%~100%）、V（0%~100%），如果要在 OpenCV 中使用，需要將數字等比例轉換成 H（0~180）、S（0~255）、V（0~255）的範圍。例如藍色的 RGB 色碼為 (0, 0, 255)，經過色碼轉換器後 HSV 色碼為 (240°, 100%, 100%)，在 OpenCV 實作時需輸入 (120, 255, 255)。

3.1.7 圖片疊合與抽色圖像

有些藝術照片會在拍攝完之後，透過各種後製技巧來強調凸顯特定顏色。有了前面實作的成果，我們也可以利用 OpenCV 函式來做到類似的效果。然而，直接使用 OpenCV 的 `add()` 語法來疊合兩張圖像容易導致顏色改變，所以需要一些額外的處理。以下程式也可應用於相同尺寸的圖片進行去背與疊合等操作。

🖥 ex3-4.py

```python
import cv2
import numpy as np
# 讀取圖像
img_gray = cv2.imread('img_gray.jpg')
img_specific = cv2.imread('img_specific.jpg')

# 將提取顏色的圖像轉換為灰階
img_specific_gray = cv2.cvtColor(img_specific,cv2.COLOR_BGR2GRAY)
# 下方數字 50 為閾值，可修改閾值範圍 (0~255) 來調整遮罩區域，並轉換為二元圖像
ret, mask = cv2.threshold(img_specific_gray,50, 255, cv2.THRESH_BINARY)
# 將遮罩反相
mask_inv = cv2.bitwise_not(mask)

# 使用 bitwise_and() 和遮罩從灰階圖中排除已被提取顏色的區域
img_gray_bg = cv2.bitwise_and(img_gray,img_gray,mask = mask_inv)
# 使用 bitwise_and() 和遮罩設定提取顏色的區域
img_specific_fg = cv2.bitwise_and(img_specific,img_specific,mask = mask)

# 使用 add() 將兩張圖片疊加
img_result = cv2.add(img_gray_bg,img_specific_fg)
# 存檔並展示
cv2.imwrite('img_result.jpg', img_result)
cv2.imshow('img_result ', img_result)
cv2.waitKey(0)
cv2.destroyAllWindows()
```

執行結果如下圖，將提取藍色的圖片和灰階圖結合在一起。

python3 ex3-4.py

圖 3-6 *ex3-4.py* 執行後所拍攝的 img_result.jpg

想要提取其他顏色應該怎麼做呢？請把 *ex2-3.py* 中的 lower 和 upper 等參數分別改為 [60,43,46] 和 [88,255,255]，疊合圖片中的閾值改為 30，就會呈現綠色的抽色圖像。如以下紅字：

```
#ex3-3.py 修改
lower = np.array([60,43,46])
upper = np.array([88,255,255])

#ex3-4.py 修改
ret, mask = cv2.threshold(img_specific_gray,30, 255, cv2.THRESH_BINARY)
```

圖 **3-7** 綠色提取結果

3.1.8 加入文字

最後一個範例是使用 `putText()` 函式在 OpenCV 視窗中加入文字內容，後續範例中會常常看到這個語法。如果要呈現中文也是可以的，但是要另外指定中文字體檔案路徑，在此只會以英文示範。請參考以下程式碼：

請在 *ex2-4.py* 程式中加入這一行：

```
cv2.putText(img_result, 'Blue', (100,200), cv2.FONT_HERSHEY_PLAIN, 5, (255, 0, 0), 7, cv2.LINE_AA)
```

圖 **3-8** 在指定位置加入文字

括弧中的各項參數為：

cv2.putText(<圖像來源>, <文字內容>, <座標>, <字型>, <字體比例>, <文字顏色>, <線條寬度>, <線條種類>)

各參數說明如下，或根據參考資料 [7] 來了解更多內容：

- **圖像來源**：要處理的圖像，如本範例的 img_result
- **文字內容**：要顯示在畫面上的文字，資料型態需為 str，本範例為 'Blue'。
- **座標**：以 <文字內容> 的左下角來定位，單位為像素。(0,0) 代表字串左下角對齊畫面的左上角（畫面原點），以本範例的 (100,200) 來說，就是由原點右移 100 像素，並下移 100 像素的位置。多試幾次就可以找到合適的位置了。
- **字型**：可改為 SIMPLEX、DUPLEX、COMPLEX、TRIPLEX、COMPLEX_SMALL、SCRIPT_SIMPLEX、SCRIPT_COMPLEX，請選擇您喜歡的字型。
- **字體比例**：概念為數字愈大，字體愈大。
- **文字顏色**：為前面提過的 BGR 格式，請用（B,G,R）對應藍色、綠色與紅色來依序填入 0-255 之間的數字來呈現您喜歡的顏色。
- **線條寬度**：數字愈大，字體愈粗。
- **線條種類**：設定線條類型，本範例的 LINE_AA 代表反鋸齒，另外還有 cv.FILLED、cv.LINE_4 與 cv.LINE_8 等不同線條類型。

Section 3.2 NVIDIA 深度學習視覺套件包

深度學習[8]是機器學習的一個重要分支，使用彼此相連的多層神經網路來模擬人腦的學習方式。透過這些多層結構，深度學習技術能自動提取並學習資料中的高階特徵，特別擅長處理複雜且非結構化的資料類型，例如圖像、聲音和自然語言等等。

機器學習則屬於更通用的方法，讓機器可以從資料中學習，進而完成分類、預測和決策等任務。根據學習過程是否需要標籤（標準答案），機器學習通常分為三種類型：

- 監督式學習（Supervised Learning）：藉由已標註（帶有標籤也就是標準答案）的資料，模型就能從中學習輸入與輸出之間的映射關係，例如圖像分類和語音辨識。

- 非監督式學習（Unsupervised Learning）：資料無標籤，模型從資料中尋找隱藏的模式或結構，例如聚類分析（Clustering）和降維（Dimensionality Reduction）。

- 強化學習（Reinforcement Learning）：模型透過與環境的互動，不斷學習並改善行為策略，最終達到目標，例如自動駕駛和遊戲人工智慧。

深度學習在監督式學習和非監督式學習中的應用廣泛，例如：

- 在監督式學習中，深度學習可以用於圖像分類 / 偵測 / 分割等視覺操作與語音轉文字等。

- 在非監督式學習中，深度生成模型（如生成對抗網路 GAN）可以生成新圖像或合成資料。

- 此外，深度學習也是強化學習的核心技術之一，例如 AlphaGo 使用深度強化學習技術在圍棋與星海爭霸等領域的表現超過人類頂尖好手。

簡言之，機器學習是人工智慧的一種實現途徑，專注於讓機器從資料中學習。而深度學習作為機器學習的一個分支，則是夠透過多層神經網路的大規模運算能力來進一步提升模型對於複雜問題的理解與處理能力。

NVIDIA 為自家 Jetson 邊緣運算平台提供了非常完整的圖像推論函式庫，稱為 jetson-inference[9]，包含了圖像辨識（Image Recognition）、物件偵測（Object Detection）、圖像分割（Segmentation）等多種應用。它使用 NVIDIA 自家獨有的 CUDA 核心與 TensorRT 框架做到更好的執行效果，可在資源有限的邊緣裝置上達到非常可觀的效能提升。根據原廠文件說明，以 TensorRT 為基礎的應用程式推論速度可比 CPU 平臺來得更快。使用者可藉由 TensorRT 來進一步最佳化所有主要 AI 框架中所訓練的神經網路模型，至終將模型部署到各種規模的平台，包含大型資料中心、汽車或邊緣運算裝置，而後者當然也包含本書主角：Jetson Orin Nano。

TensorRT[10] 以 NVIDIA 的 CUDA 平行運算架構為基礎，有助於您運用 CUDA 的各種函式庫、開發工具和技術，針對人工智慧、自主機器、加速運算和圖形渲染來最佳化所有深度學習框架中的推論。TensorRT 針對多種深度學習推論提供了 INT8 與 FP16 格式最佳化，例如圖像串流、語音辨識、內容推薦和自然語言處理。推論精度與推論速度之間的拿捏，這正是許多強調即時性的服務與硬體規格較低的嵌入式裝置的精華所在。

為了幫助入門者更快上手，本章將示範如何在 Jetson Orin Nano 上執行 jetson-inference 中的 Python 範例。另外，jetson-inference 已全面支援多款知名的預訓練神經網路，後續範例中可直接透過參數來改用其他您喜歡的神經網路，期待能更快滿足您的專案開發需求。

3.2.1　安裝 jetson-inference 函式庫

jetson-inference 提供了 C++ 與 Python 程式語言實作，本書只介紹 Python 的範例，對 C++ 熟悉或有興趣的讀者請自行參閱對應檔案。以下是本章後續對應的 jetson-inference 範例檔名：

- 3.2.2 圖像辨識：`imagenet.py`

- 3.2.3 物件偵測：`detectnet.py`

- 3.2.4 圖像分割：`segnet.py`

- 3.2.5 姿勢估計：`posenet.py`

- 3.2.6 動作辨識：`actionnet.py`

- 3.2.7 背景移除：`backgroundnet.py`

- 3.2.8 距離估算：`depthnet.py`

我們使用 NVIDIA 原廠映像檔來安裝 jetson-inference 各範例所需的軟體套件，後續會使用 MobaXterm 軟體遠端登入之後完成安裝並執行範例。相關細節請回顧第 2 章相關段落。

NVIDIA 原廠針對 jetson-inference 提供了兩種作法，分別是使用 docker 與從原始碼建置。為保留較大的修改彈性，本書採用後者作法。當然建議您兩種都試試看，選一個最順手的方法吧！

以下步驟是按照 NVIDIA 原廠說明[11]，請登入您的 Jetson Orin nano 之後按照以下步驟完成：

Step 01 輸入以下指令來更新套件清單，本指令需要輸入使用者密碼，請輸入您設定的密碼，如果是按照上一章的教學，則預設密碼為 jetson。

```
sudo apt-get update
```

Step 02 輸入以下指令來安裝 `git`、`cmake` 等所需套件。如果事先已經安裝好的話，會顯示相關訊息。

```
sudo apt-get install git cmake libpython3-dev python3-numpy
```

Step 03 使用 git 下載 jetson-inference 專案的 GitHub 檔案庫。

```
git clone --recursive https://github.com/dusty-nv/jetson-inference
```

Step 04 移動到 `jetson-inference` 資料夾。

```
cd jetson-inference
```

Step 05 建立名為 build 的資料夾,並移動到該資料夾中。

```
mkdir build
cd build
```

Step 06 使用 CMake 來準備編譯所需的相依套件。

```
cmake ../
```

這個步驟需要一段時間,請耐心等候。過程中會詢問是否要下載 Python 的 PyTorch 套件包,請一併安裝即可。

Step 07 使用 make 指令編譯程式碼。

```
make -j
```

這個步驟同樣需要一段時間。

Step 08 執行 `sudo make install` 指令。

```
sudo make install
```

這樣一來,`jetson-inference` 所需檔案都已經建置完成了,主要的檔案是在 `jetson-inference/build/aarch64` 這個資料夾中,其中的 `/bin` 目錄中可看到 C++ 與 Python 的範例程式。

```
jetson@orin-nano:~$ cd jetson-inference/
jetson@orin-nano:~/jetson-inference$ ls
build            CMakeLists.txt        docker           examples         README.md   utils
c                CMakePreBuild.sh      Dockerfile       LICENSE.md       ros
CHANGELOG.md     data                  docs             python           tools
jetson@orin-nano:~/jetson-inference$ cd build/aarch64/bin
jetson@orin-nano:~/jetson-inference/build/aarch64/bin$ ls
actionnet                   depthnet                posenet.py
actionnet.py                depthnet.py             __pycache__
backgroundnet               depthnet_utils.py       segnet
backgroundnet.py            detectnet               segnet.py
camera-capture              detectnet.py            segnet_utils.py
cuda-array-interface.py     detectnet-snap.py       tao-model-downloader.sh
cuda-examples.py            imagenet                test-cuda.sh
cuda-from-cv.py             imagenet.py             test-display.py
cuda-from-numpy.py          images                  test-logging.py
cuda-from-pytorch.py        l4t_version.sh          test-models.py
cuda-streams.py             my-detection.py         test-video.py
cuda-to-cv.py               my-recognition.py       video-viewer
cuda-to-numpy.py            networks                video-viewer.py
cuda-to-pytorch.py          posenet
jetson@orin-nano:~/jetson-inference/build/aarch64/bin$
```

圖 3-9　確認 /bin 目錄下已有各範例程式

3.2.2　圖像辨識

　　圖像辨識[12]，或稱為圖像分類，是最基礎的圖像應用，可根據某個訓練好的深度神經網路模型將指定畫面分類到多個類別其中之一，您可根據神經網路推論的信心指數來判斷其分類成效。本範例對應的程式為 `imagenet.py`，可指定參數對單張圖像或即時圖像串流進行圖像推論。

　　請根據以下步驟來執行本範例：

Step 01　移動到範例資料夾

```
cd ~/jetson-inference/build/aarch64/bin
```

Step 02　對單張圖片進行圖像分類

　　`imagenet.py` 的輸入圖像預設路徑是同目錄下的 `/images/`，您可以看到其中有非常多測試用的圖像，當然也可以在此加入任何喜歡的圖片。以下使用 `black_bear.jpg` 來測試，如下圖紅框處。

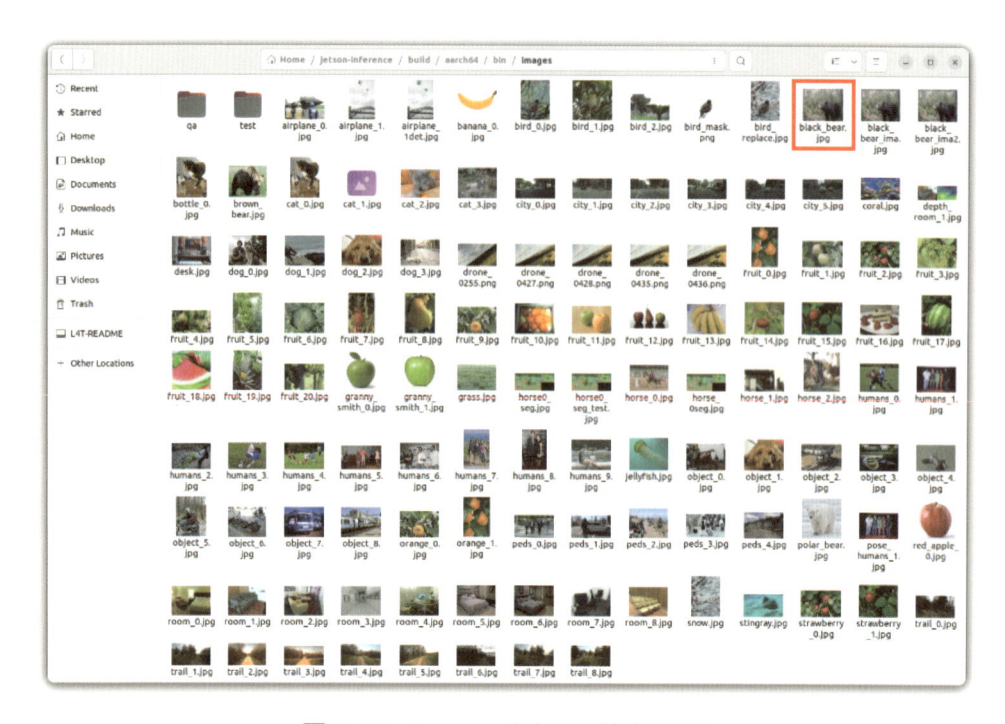

圖 3-10 images 測試圖片資料夾

輸入以下指令來對指定圖片進行圖像辨識推論：

```
python3 ./imagenet.py ./images/black_bear.jpg ./images/black_bear_ima.jpg
```

要進行辨識的原始照片是 `black_bear.jpg`，並將辨識結果另存為 `black_bear_ima.jpg`，後者會存放同一個目錄之中。

由於 TensorRT 需要一點時間來最佳化您所指定的神經網路，首次執行時需要等待幾分鐘，之後再次執行就會快很多。換言之，如果改用其他的神經網路模型再執行一次本範例的話，依然會針對新選擇的神經網路再次進行最佳化流程。

```
            -- dim #0   3 (CHANNEL)
            -- dim #1   224 (SPATIAL)
            -- dim #2   224 (SPATIAL)
[TRT]    binding -- index   1
            -- name    'prob'
            -- type    FP32
            -- in/out  OUTPUT
            -- # dims  3
            -- dim #0  1000 (CHANNEL)
            -- dim #1  1 (SPATIAL)
            -- dim #2  1 (SPATIAL)
[TRT]    binding to input 0 data  binding index:  0
[TRT]    binding to input 0 data  dims (b=1 c=3 h=224 w=224) size=602112
[TRT]    binding to output 0 prob  binding index:  1
[TRT]    binding to output 0 prob  dims (b=1 c=1000 h=1 w=1) size=4000
device GPU, networks/bvlc_googlenet.caffemodel initialized.
[TRT]    networks/bvlc_googlenet.caffemodel loaded
imageNet -- loaded 1000 class info entries
networks/bvlc_googlenet.caffemodel initialized.
[image] loaded 'black_bear.jpg'  (800 x 656, 3 channels)
class 0295 - 0.989919  (American black bear, black bear, Ursus americanus, Euarctos americanus
imagenet-console:  'black_bear.jpg' -> 98.99191% class #295 (American black bear, black bear, Ursus americanus, Euarctos americanus)

[TRT]
[TRT]    Timing Report networks/bvlc_googlenet.caffemodel
[TRT]    ------------------------------------------------
         Pre-Process   CPU   0.11531ms   CUDA   0.69750ms
         Network       CPU  57.61947ms   CUDA  56.67578ms
         Post-Process  CPU   0.26026ms   CUDA   0.26099ms
         Total         CPU  57.99505ms   CUDA  57.63427ms
[TRT]    ------------------------------------------------

[TRT]    note -- when processing a single image, run 'sudo jetson_clocks' before
                to disable DVFS for more accurate profiling/timing measurements

imagenet-console:  attempting to save output image to 'black_bear_con.jpg'
imagenet-console:  completed saving 'black_bear_con.jpg'
imagenet-console:  shutting down...
imagenet-console:  shutdown complete
```

圖 3-11 tensorRT 最佳化過程

圖 3-12a 原圖 black_bear.jpg

圖 3-12b 辨識結果 black_bear_ima.jpg，可看到 98% 為美洲黑熊（American black bear）、黑熊（black bear）等

Step 03 改用其他神經網路

根據原始碼，本範例是使用 GoogleNet[13] 來進行圖像分類推論。您可以搭配 --network 參數來改用其他神經網路模型，例如以下

是用 ResNet-18 來推論同一張黑熊圖片，信心指數最高的類別依然為美洲黑熊，如下圖紅框處：

```
python3 ./imagenet.py --network=resnet-18 \
./images/black_bear.jpg \
./images/black_bear_ima.jpg
```

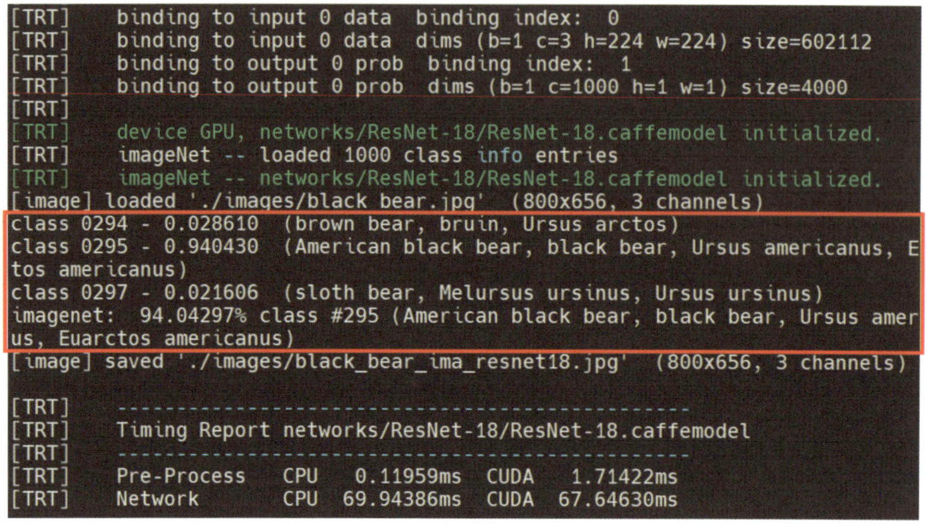

圖 3-13　改用 ResNet-18 對同一張圖片進行圖像辨識

我想試試看其他模型！

　　jetson-inference 提供了 **Model Downloader** 小軟體，方便我們下載所要測試的神經網路模型。如果您想要試玩所有模型就需要花不少時間來下載，請根據實際需要來考量吧。本書為了節省時間不會全部下載，您之後可以隨時執行以下指令啟動 Model Downloader 來取得所需的神經網路模型。清單所列出的模型都已經支援 TensorRT 架構，可在 Jetson 平台上有更好的執行效能。使用鍵盤方向鍵上下移動選單，選定所要的模型之後移動到畫面下方的 **OK** 選項，按下 Enter 之後就會開始下載。

```
cd ~/jetson-inference/tools
./download-models.sh
```

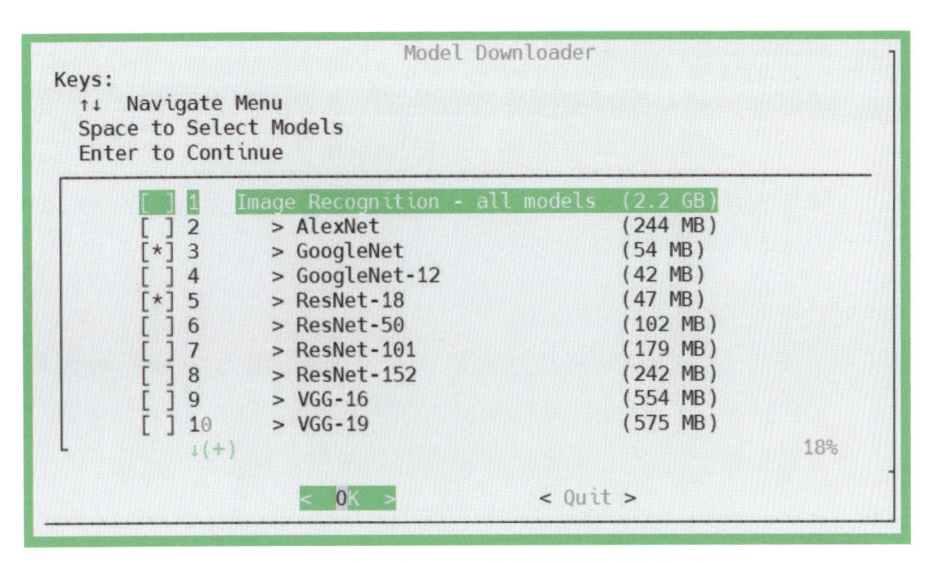

```
                    Model Downloader
Keys:
  ↑↓ Navigate Menu
  Space to Select Models
  Enter to Continue

       [ ] 1   Image Recognition - all models  (2.2 GB)
       [ ] 2   > AlexNet                       (244 MB)
       [*] 3   > GoogleNet                     (54 MB)
       [ ] 4   > GoogleNet-12                  (42 MB)
       [*] 5   > ResNet-18                     (47 MB)
       [ ] 6   > ResNet-50                     (102 MB)
       [ ] 7   > ResNet-101                    (179 MB)
       [ ] 8   > ResNet-152                    (242 MB)
       [ ] 9   > VGG-16                        (554 MB)
       [ ] 10  > VGG-19                        (575 MB)
           ↓(+)                                         18%

                    < OK >          < Quit >
```

圖 3-14 選擇需要下載的神經網路模型

jetson-inference 支援的圖像辨識神經網路名稱與對應參數如下表：

表3-1 jetson-inference支援的圖像辨識神經網路名稱與對應參數

神經網路名稱	命令列參數	網路型態 enum
AlexNet	alexnet	ALEXNET
GoogleNet	googlenet	GOOGLENET
GoogleNet-12	googlenet-12	GOOGLENET_12
ResNet-18	resnet-18	RESNET_18
ResNet-50	resnet-50	RESNET_50
ResNet-101	resnet-101	RESNET_101
ResNet-152	resnet-152	RESNET_152
VGG-16	vgg-16	VGG-16
VGG-19	vgg-19	VGG-19
Inception-v4	inception-v4	INCEPTION_V4

Step 04 對即時圖像串流進行圖像分類

接著要試試看即時圖像分類的效果。本書範例統一使用 Logitech 的 C270 USB 網路攝影機，所以需要使用 --camera 參數來指定攝影機路徑，一般來說 Linux 系統都會把 USB 攝影機設為 /dev/video0。如果您使用 pi camera 這類 CSI 匯流排介面的相機，則需改用 csi://0。

請注意，使用攝影機執行本範例時，需在 Jetson Orin nano 接上實體螢幕才可以看到執行畫面，使用 MobaXterm 等連線軟體則無法看到畫面。請根據您的攝影機類型來執行以下指令：

```
python3 imagenet.py /dev/video0                    # 常見的 USB 攝影機
python3 imagenet.py csi://0                        # MIPI CSI 匯流排攝影機
python3 imagenet.py /dev/video0 output.mp4         # 將結果儲存為指定影片檔
```

執行後會開啟即時圖像串流畫面，並在畫面左上角標示辨識結果與信心指數，從視窗標題可以看到目前所使用的神經網路名稱（googleNet）與 FPS，請用手邊的小物品來看看執行的效果吧。FPS 約 70，是相當不錯的執行速度喔！

圖 3-15 分類為咖啡杯
（coffee mug）

圖 3-16 分類為滑鼠
（mouse, computer mouse）

3.2.3 物件偵測

物件偵測[14]是比先前的圖像分類更進一步的應用，可透過 XY 座標與寬高等資訊在畫面中標出不同大小物體。再者，物件偵測可在單張圖片（或畫面）中找出多種不同的物體，這也是圖像分類推論無法做到的。本範例對應的程式為 `detectnet.py`，根據不同的參數設定，可對單張圖像或即時圖像串流進行圖像推論。

請根據以下步驟來執行本範例：

Step 01　移動到範例資料夾

```
cd ~/jetson-inference/build/aarch64/bin
```

Step 02　對單張圖片進行物件偵測

辨識單張圖片時的路徑與前一個範例相同，請輸入以下指令來對指定的靜態圖像進行物件偵測：

```
python3 detectnet.py ./images/airplane_1.jpg ./images/airplane_1det.jpg
```

原始照片是 `airplane_0.jpg`，並將辨識結果另存為 `airplane_0det.jpg`，後者會存放在同一個目錄之中。執行效果如右圖，可以看到偵測出兩台飛機並把它們框出來了：

圖 **3-17** 對指定圖片執行物件偵測之結果

Step 03 改用其他神經網路

根據原始碼,本範例是使用 `91-class SSD-Mobilenet-v2` 模型,針對 MS COCO[15] 資料集訓練之後來進行物件偵測推論。您可以搭配 `--network` 參數來改用其他神經網路模型,例如以下是用 `--network=ssd-inception-v2` 來推論同一張圖片:

```
python3 ./detectnet.py --network=ssd-inception-v2 \
    ./images/airplane_1.jpg \
    ./images/airplane_1det.jpg
```

```
[TRT]    detectNet -- number of object classes:  91
[TRT]    loaded 0 class colors
[TRT]    didn't load expected number of class colors  (0 of 91)
[TRT]    filling in remaining 91 class colors with default colors
[image]  loaded './images/airplane_1.jpg'  (427x640, 3 channels)
detected 2 objects in image
<detectNet.Detection object>
   -- Confidence: 0.654785
   -- ClassID: 5
   -- Left:    155.747
   -- Top:     15.957
   -- Right:   218.504
   -- Bottom:  87.3438
   -- Width:   62.7573
   -- Height:  71.3867
   -- Area:    4480.04
   -- Center:  (187.125, 51.6504)
<detectNet.Detection object>
   -- Confidence: 0.918457
   -- ClassID: 5
   -- Left:    279.176
   -- Top:     139.062
   -- Right:   328.381
   -- Bottom:  184.375
   -- Width:   49.2051
   -- Height:  45.3125
   -- Area:    2229.6
   -- Center:  (303.779, 161.719)
[OpenGL] glDisplay -- set the window size to 427x640
[OpenGL] creating 427x640 texture (GL_RGB8 format, 819840 bytes)
[cuda]   cudaGraphicsGLRegisterBuffer(&interop, allocDMA(type), cudaG
sterFlagsFromGL(flags))
```

圖 3-18 改用 `ssd-inception-v2` 對同一張圖片進行物件偵測

如果想要測試的模型還未下載的話,請執行 Model Downloader 工具來選擇,操作步驟請回顧第 3-20 頁的先前說明。

jetson-inference 支援的物件偵測神經網路名稱與對應參數如下表：

表3-2　jetson-inference支援的物件偵測神經網路名稱與對應參數

神經網路名稱	命令列參數	網路型態 enum	物件類別數量
SSD-Mobilenet-v1	ssd-mobilenet-v1	SSD_MOBILENET_V1	91 (COCO classes)
SSD-Mobilenet-v2	ssd-mobilenet-v2	SSD_MOBILENET_V2	91 (COCO classes)
SSD-Inception-v2	ssd-inception-v2	SSD_INCEPTION_V2	91 (COCO classes)
TAO PeopleNet	peoplenet	PEOPLENET	person, bag, face
TAO PeopleNet (pruned)	peoplenet-pruned	PEOPLENET_PRUNED	person, bag, face
TAO DashCamNet	dashcamnet	DASHCAMNET	person, car, bike, sign
TAO TrafficCamNet	trafficcamnet	TRAFFICCAMNET	person, car, bike, sign
TAO FaceDetect	facedetect	FACEDETECT	face

Step 04　對即時圖像串流進行物件偵測

接著要試試看即時物件偵測的效果，一樣使用 USB 網路攝影機並搭配 --camera 參數來指定攝影機路徑，請執行以下指令來執行本範例：

```
python3 detectnet.py /dev/video0                 # 常見的 USB 攝影機
python3 detectnet.py csi://0                     # MIPI CSI 匯流排攝影機
python3 detectnet.py /dev/video0 output.mp4      # 將結果儲存為指定影片檔
```

執行後會開啟即時圖像串流畫面，會把偵測到的東西以不同顏色的邊界框標定起來並顯示辨識結果與信心指數。請用手邊的小物品來看看執行的效果，例如以下的餐桌（dining table, 63.4%）、滑鼠（mouse, 89.7%）還有杯子（cup, 98.1%）。

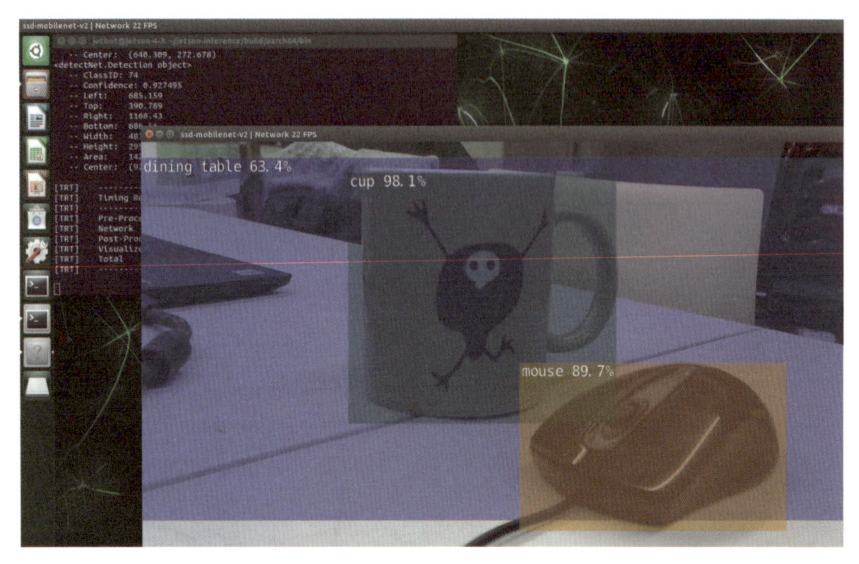

圖 3-19 使用攝影機進行即時物件偵測

3.2.4 圖像分割

本節談到的圖像分割[16]又比前面的兩種運算更厲害了，本範例的正確名稱應該為對圖像進行語意分割（semantic segmentation）。圖像分割基本上也是一種分類作業，只是分類的粒度小到以像素為單位，而非之前的整張圖片。作法是對一個預先訓練好的圖像辨識架構再進行卷積，將神經網路模型轉換為完全卷積網路（Fully Convolutional Network，FCN），就能對每一個像素進行標註。圖像分割技術特別適用於環境感知，因為它可以對每一張畫面中多個可能出現的物體進行密集的像素分類推論，包含畫面的前景與背景，應用情境包含自駕車、醫學影像與遙感圖像分析。

本範例對應的程式為 segnet.py，根據不同的參數設定，可對單張圖像或即時圖像串流進行圖像分割運算。

深度學習結合視覺辨識應用　**3**

請根據以下步驟來執行本範例：

Step 01 移動到範例資料夾

```
cd ~/jetson-inference/build/aarch64/bin
```

Step 02 對單張圖片進行圖像分割

辨識單張圖片時的路徑與前一個範例相同，請輸入以下指令來對指定的靜態圖像進行圖像分割運算：

```
python3 segnet.py ./images/horse_0.jpg ./images/horse0_seg.jpg
```

原始照片是 horse_0.jpg，並將辨識結果另存為 horse0_seg.jpg，後者會存放在同一個目錄之中。可以看到馬與人已經用不同的顏色區分開了。

圖 3-20 對指定圖片執行圖像分割之結果

請注意在語意分割的應用中，各資料集已針對各類別指定了顏色，也就是說同一種顏色在不同資料集中會有不同的意義，不可一概而論。例如下圖為 PASCAL VOC 資料集[17]的顏色意義：

3-27

0 background	⬛	11 diningtable	⬛
1 aeroplane	⬛	12 dog	⬛
2 bicycle	⬛	13 horse	⬛
3 bird	⬛	14 motorbike	⬛
4 boat	⬛	15 person	⬛
5 bottle	⬛	16 pottedplant	⬛
6 bus	⬛	17 sheep	⬛
7 car	⬛	18 sofa	⬛
8 cat	⬛	19 train	⬛
9 chair	⬛	20 tvmonitor	⬛
10 cow	⬛		

圖 3-21　PASCAL VOC 資料集的顏色意義

Step 03　改用其他神經網路與圖層參數

預設情況下，segnet.py 是使用 `fcn-resnet18-voc` 來進行影像分割，您可使用 `--network` 參數來改用其他神經網路模型，例如以下是用 `fcn-resnet18-deepscene` 來推論同一張圖片：

```
python3 ./segnet.py --network=fcn-resnet18-deepscene \
    ./images/horse_0.jpg \
    ./images/horse_0seg.jpg
```

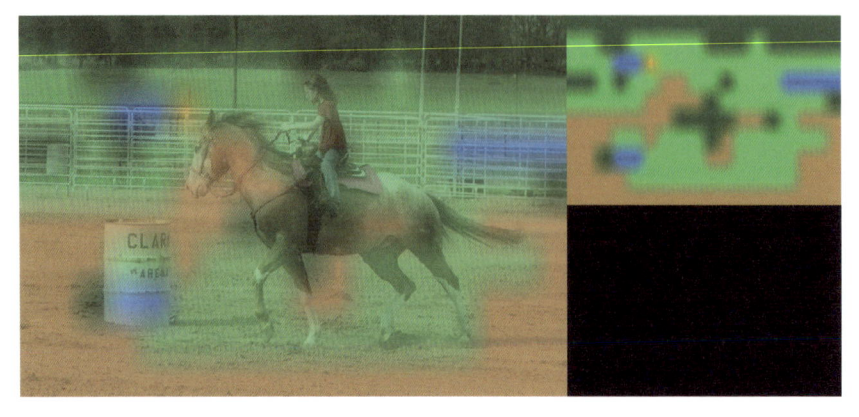

圖 3-22　改用 `fcn-resnet18-deepscene` 對同一張圖片進行語意分割

如果想要測試的模型還未下載的話，請執行 Model Downloader 工具來選擇，操作步驟請回顧第 3-20 頁的先前說明。

jetson-inference 支援的圖像分割神經網路名稱與對應參數如下表，各資料集請自行上網搜尋或參考本章之參考資料。

表3-3　jetson-inference支援的圖像分割神經網路名稱與對應參數

資料集	解析度	CLI 參數	準確度
Cityscapes	512x256	fcn-resnet18-cityscapes-512x256	83.3%
Cityscapes	1024x512	fcn-resnet18-cityscapes-1024x512	87.3%
Cityscapes	2048x1024	fcn-resnet18-cityscapes-2048x1024	89.6%
DeepScene	576x320	fcn-resnet18-deepscene-576x320	96.4%
DeepScene	864x480	fcn-resnet18-deepscene-864x480	96.9%
Multi-Human	512x320	fcn-resnet18-mhp-512x320	86.5%
Multi-Human	640x360	fcn-resnet18-mhp-512x320	87.1%
Pascal VOC	320x320	fcn-resnet18-voc-320x320	85.9%
Pascal VOC	512x320	fcn-resnet18-voc-512x320	88.5%
SUN RGB-D	512x400	fcn-resnet18-sun-512x400	64.3%
SUN RGB-D	640x512	fcn-resnet18-sun-640x512	65.1%

另外還有三個附加參數，可額外修改圖層、透明度與濾波模式等效果，說明如下：

- `--visualize`：可設為 `mask` 或 `overlay`（預設為後者）

```
python3 ./segnet.py --network=fcn-resnet18-deepscene \
    --visualize=mask \
    ./images/trail_0.jpg \
    ./images/trail_0_mask.jpg
```

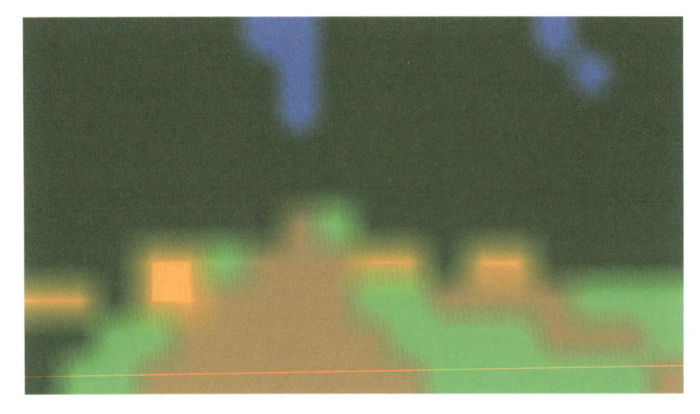

圖 3-23a 設定 --visualize=mask

```
python3 ./segnet.py --network=fcn-resnet18-deepscene \
    --visualize=overlay \
    ./images/trail_0.jpg \
    ./images/trail_0_overlay.jpg
```

圖 3-23b 設定 --visualize=overlay

- --alpha：調整圖層透明度，範圍 0-255，預設值為 120（半透明）

```
python3 ./segnet.py \
    --alpha=200 \
    ./images/room_5.jpg \
    ./images/room_5_alpha200.jpg
```

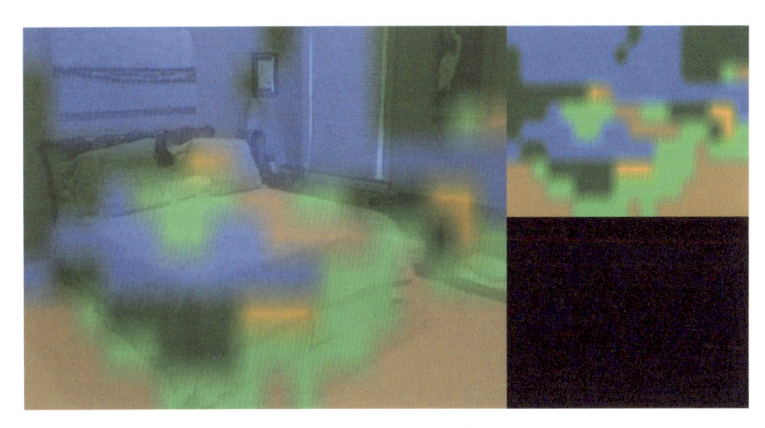

圖 **3-24a** 設定透明度為 200

```
python3 ./segnet.py \
   --alpha=200 \
   ./images/room_5.jpg \
   ./images/room_5_alpha75.jpg
```

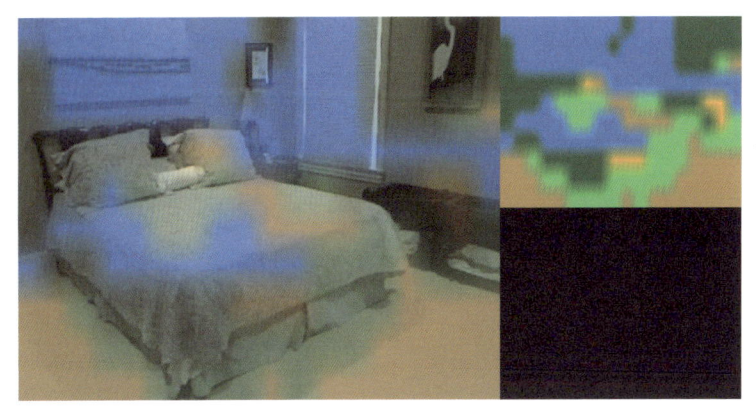

圖 **3-24b** 設定透明度為 75

- --filter-mode：調整濾波模式，可設為 point 或 linear (預設為後者)

```
python3 ./segnet.py \
   --filter-mode=point \
   ./images/peds_0.jpg \
   ./images/peds_0_point.jpg
```

圖 **3-25a** 設定濾波模式為 `point`

```
python3 ./segnet.py \
    --filter-mode=linear \
    ./images/peds_0.jpg \
    ./images/peds_0_point.jpg
```

圖 **3-25b** 設定濾波模式為 `linear`

Step 04 對即時圖像串流進行圖像分割

接著要試試看即時圖像分割的效果，一樣使用 USB 網路攝影機並搭配 `--camera` 參數來指定攝影機路徑，`--network` 參數則是用於指定模型名稱，請執行以下指令執行本範例：

```
python3 ./segnet.py --network=<model> /dev/video0      # 常見的 USB 攝影機
python3 ./segnet.py --network=<model> csi://0          # MIPI CSI 匯流排攝影機
python3 ./segnet.py --network=<model> /dev/video0 output.mp4
                                                       # 將結果儲存為指定影片檔
```

執行後會開啟即時圖像串流畫面，會把偵測到的東西以不同顏色區分，您可由下圖中看到桌上的玩具車、手、滑鼠與背景的外套等主要物體都被框出來了。請用手邊的小物品來看看執行的效果：

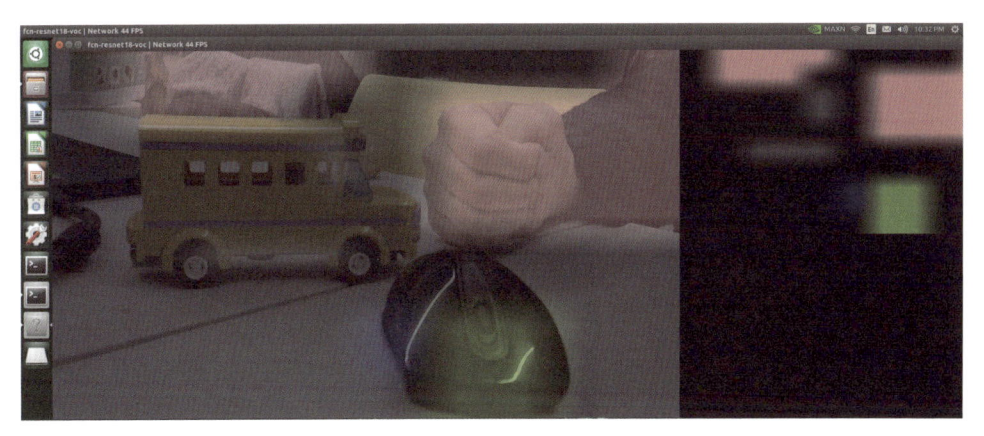

圖 3-26 使用攝影機鏡頭使用攝影機進行即時圖像語意分割

3.2.5 姿態估計

姿態估計[18]是指定位各種身體部位（又稱關鍵點 keypoints），這些關鍵點組成了骨架拓撲結構（又稱連結 links）。姿態估計有多種應用，包括手勢、AR/VR、人機介面（HMI）以及姿勢/步態矯正。針對人體和手部姿態估計。jetson-inference 提供了多款預訓練模型可直接用於偵測每幀畫面中的多個人體。

poseNet 物件接受影像作為輸入，並輸出一個物體姿態清單。每個姿態物件都包含了一個偵測到的關鍵點清單，這些關鍵點有其位置以及關鍵點之間的連結，您可從中找出某些特定特徵。

poseNet 支援 Python 和 C++。本範例對應的程式為 `posenet.py`，根據不同的參數設定，可對單張圖像或即時圖像串流進行圖像中的人體姿態估計。

請根據以下步驟來執行本範例：

Step 01 移動到範例資料夾

```
cd ~/jetson-inference/build/aarch64/bin
```

Step 02 對單張圖片進行姿勢估計

辨識單張圖片時的路徑與前一個範例相同，請輸入以下指令來對指定的靜態圖像進行姿勢估計運算：

```
python3 posenet.py ./images/humans_1.jpg ./images/humans_1_pose.jpg
```

原始照片是 `humans_1.jpg`，並將辨識結果另存為 `pose_humans_1.jpg`，後者會存放在同一個目錄之中。可以看到已經偵測到圖中人體的節點了。同時也請注意，根據原本所訓練的資料集，畫面中的人體如果太小，則可能無法偵測出人體。

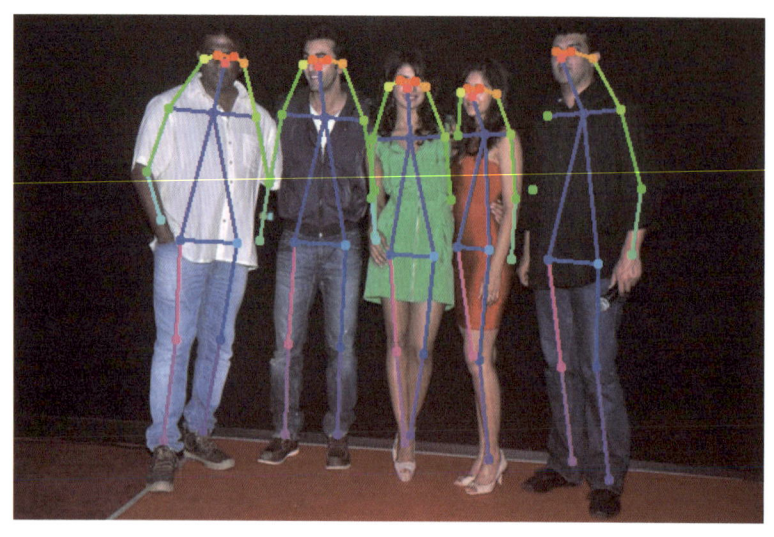

圖 3-27 對指定圖片執行姿勢估計之結果

Step 03 對即時圖像串流進行姿勢估計

接著要試試看即時**姿勢估計**的效果,一樣使用 USB 網路攝影機並搭配 --camera 參數來指定攝影機路徑,請執行以下指令執行本範例:

```
python3 ./posenet.py --network=<model> /dev/video0    # 常見的 USB 攝影機
python3 ./posenet.py --network=<model> csi://0        # MIPI CSI 匯流排攝影機
python3 ./posenet.py --network=<model> /dev/video0 output.mp4
                                                      # 將結果儲存為指定影片檔
```

執行後會開啟即時圖像串流畫面,並即時檢視偵測到的人體節點,實際跳舞動一下來看看執行效能吧:

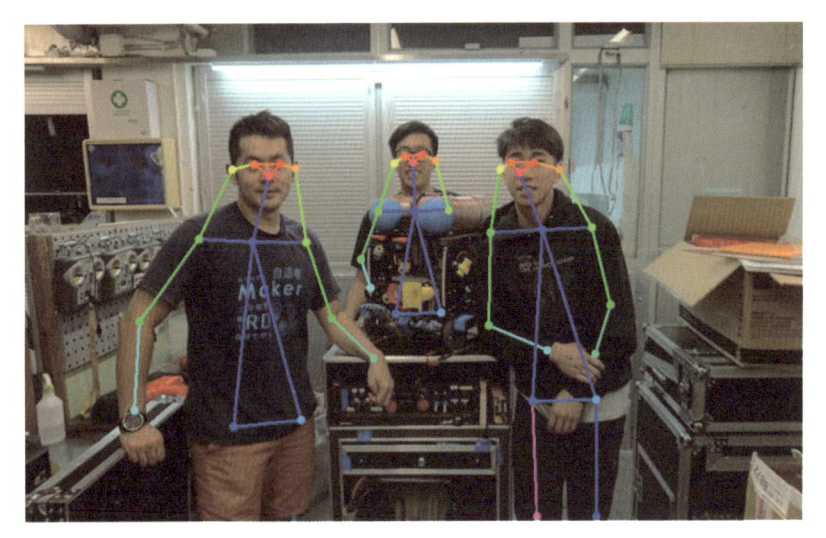

圖 3-28 使用攝影機進行即時人體姿勢估計

3.2.6 動作辨識

動作辨識[19]是對一段影片中所發生的活動、行為或手勢進行分類。這通常會用到影像分類骨幹並加入時間維度。例如,基於 ResNet18 的預訓練模型會採用長度為 16 幀的窗口。你也可以跳過一些幀來加大模型進行動作分類的時間窗口。

actionNet 物件一次接受單一畫面,將它們緩衝作為模型的輸入,並輸出信心分數最高的分類結果。

actionNet 支援 Python 和 C++。本範例對應的程式為 `actionnet.py`,根據不同的參數設定,可對單張圖像或即時圖像串流進行圖像分割運算。

請根據以下步驟來執行本範例:

Step 01 移動到範例資料夾

```
cd ~/jetson-inference/build/aarch64/bin
```

Step 02 對單張圖片進行動作辨識

辨識單張圖片時的路徑與前一個範例相同,請輸入以下指令來對指定的靜態圖像進行動作辨識運算:

```
python3 actionnet.py \
    ./images/humans_4.jpg
    ./images/humans_4_action.jpg
```

原始照片是 `humans_4.jpg`,並將辨識結果另存為 `humans_4_action.jpg`,後者會存放在同一個目錄之中。由下圖可以看到動作辨識結果被標註在圖片的左上角,本次辨識結果為「**playing sports**」,信心指數為 **26.3%**,效果只能說普普。

圖 3-29 對指定圖片執行動作辨識之結果

Step 03 對即時圖像串流進行動作辨識

接著要試試看**即時動作辨識的效果**，一樣使用 USB 網路攝影機並搭配 --camera 參數來指定攝影機路徑，--network 參數則是用於指定模型名稱，請執行以下指令執行本範例：

```
python3 ./actionnet.py --network=<model> /dev/video0   # 常見的 USB 攝影機
python3 ./acitonnet.py --network=<model> csi://0       # MIPI CSI 匯流排攝影機
python3 ./actionnet.py --network=<model> /dev/video0 output.mp4
                                                        # 將結果儲存為指定影片檔
```

執行後會開啟即時圖像串流畫面，並即時判斷畫面中在進行哪一種運動，如下圖的辨識結果為位於左上角的「**typing**（打字）」：

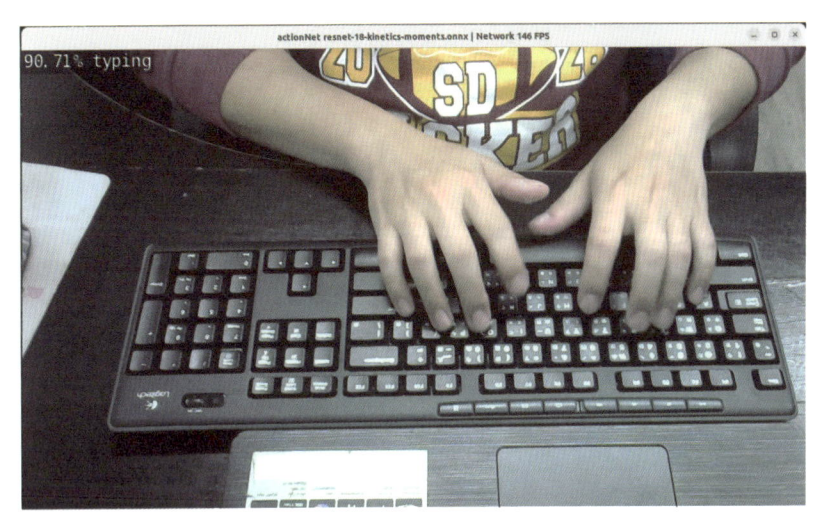

圖 3-30 使用攝影機鏡頭進行即時動作辨識

3.2.7 背景移除

背景移除[20]（又稱背景減去或顯著物體檢測）會產生一個遮罩來分離影像中的前景與背景。您可以用它來替換或模糊背景（類似於視訊會議軟體），或將其作為其他視覺深度神經網路（如物體偵測/追蹤或運動偵測）的前處理工具。在此會用到一款全卷積網路：U^2-Net。

backgroundNet 物件接受一張影像作為輸入，並輸出前景遮罩。backgroundNet 支援 Python 和 C++。本範例對應的程式為 backgroundnet.py，根據不同的參數設定，可對單張圖像或即時圖像串流進行背景移除運算。

請根據以下步驟來執行本範例：

Step 01 **移動到範例資料夾**

```
cd ~/jetson-inference/build/aarch64/bin
```

Step 02 **對單張圖片進行背景移除**

辨識單張圖片時的路徑與前一個範例相同，請輸入以下指令來對指定的靜態圖像進行背景移除，並加上指定背景：

```
# 背景移除
python3 backgroundnet.py ./images/bird_0.jpg ./images/bird_0_mask.jpg

# 更換背景 coral.jpg
python3 backgroundnet.py \
    --replace=images/coral.jpg \
    ./images/bird_0.jpg \
    ./images/bird_0_replace_coral.jpg
```

原始照片是 `bird_0.jpg`，並將辨識結果另存為 `bird_0_mask.jpg` 與 `bird_0_replace_coral.jpg`，都是存放在同一個目錄之中。可以看到已經順利移除背景與更換背景為指定圖片了。

圖 3-31 對指定圖片執行背景移除與更換之結果

Step 03 **對即時圖像串流進行背景移除與更換**

接著要試試看即時背景移除與更換的效果，一樣使用 USB 網路攝影機並搭配 `--camera` 參數來指定攝影機路徑，`--network` 參數則是用於指定模型名稱，請執行以下指令執行本範例：

```
python3 ./backgroundnet.py /dev/video0        # 常見的 USB 攝影機
python3 ./backgroundnet.py --replace=images/coral.jpg /dev/video0
python3 ./backgroundnet.py csi://0            # MIPI CSI 匯流排攝影機 確認
python3 ./backgroundnet.py --network=<model> /dev/video0 output.mp4
                                              # 將結果儲存為指定影片檔
```

執行後會開啟即時圖像串流畫面，並即時移除主體之外的背景或加上指定圖片為背景，主角是阿吉老師的愛貓發發（不要亂動啊！）：

圖 3-32 使用攝影機進行即時背景移除與更換

3.2.8 距離估計

距離估計[21]，也稱為深度感測，對於地圖繪製、導航和障礙物偵測等任務非常有用，但以往得做法都必須用到立體相機或 RGB-D 相機（例如本書第 4 章所介紹的 Intel RealSense 與 ZED 這類景深攝影機）。然而，現在已有一些深度神經網路可由單張影像中估算出相對深度，此項技術稱為單眼深度（Mono Depth）。當然，估算畢竟只是估算，效果不可能比專用硬體來得好。請根據您的需求與預算來選擇合適的方案。

depthNet 物件接受單一彩色影像作為輸入，並輸出深度圖。深度圖經過上色之後會有更好的視覺化效果，但也可以直接存取深度資訊。

depthNet 支援 Python 和 C++。本範例對應的程式為 `depthnet.py`，根據不同的參數設定，可對單張圖像或即時圖像串流進行距離估計運算。

請根據以下步驟來執行本範例：

Step 01　移動到範例資料夾

```
cd ~/jetson-inference/build/aarch64/bin
```

Step 02　對單張圖片進行距離估計

辨識單張圖片時的路徑與前一個範例相同，請輸入以下指令來對指定的靜態圖像進行距離估計運算：

原始照片是 `room_1.jpg`，並將辨識結果另存為 `room_1_depth.jpg`，後者會存放在同一個目錄之中。可看到圖像中物體的距離已被轉換為不同顏色的熱圖了。

深度學習結合視覺辨識應用

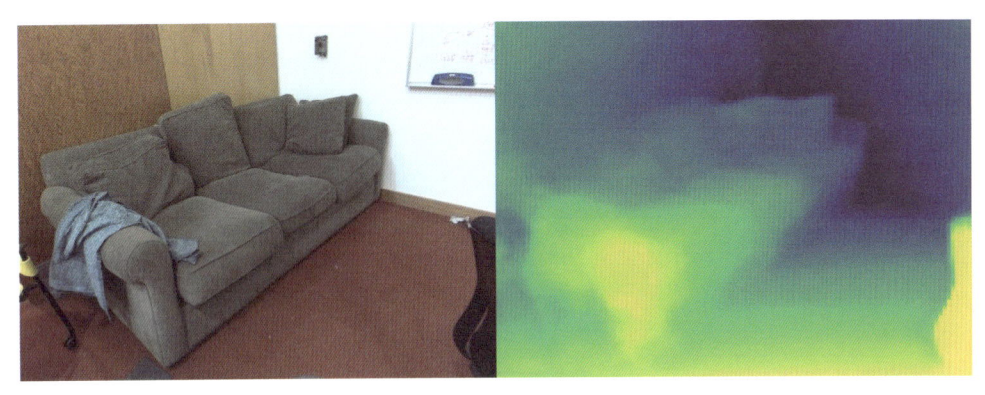

圖 3-33 對指定圖片執行距離估計之結果

Step 03 對即時圖像串流進行距離估計

接著要試試看即時距離估計的效果，一樣使用 USB 網路攝影機並搭配 --camera 參數來指定攝影機路徑，請執行以下指令執行本範例：

```
python3 ./depthnet.py /dev/video0              # 常見的 USB 攝影機
python3 ./depthnet.py csi://0                   # MIPI CSI 匯流排攝影機
python3 ./depthnet.py /dev/video0 output.mp4    # 將結果儲存為指定影片檔
```

執行後會開啟即時圖像串流畫面，並將 RGB 畫面轉換為距離熱圖：

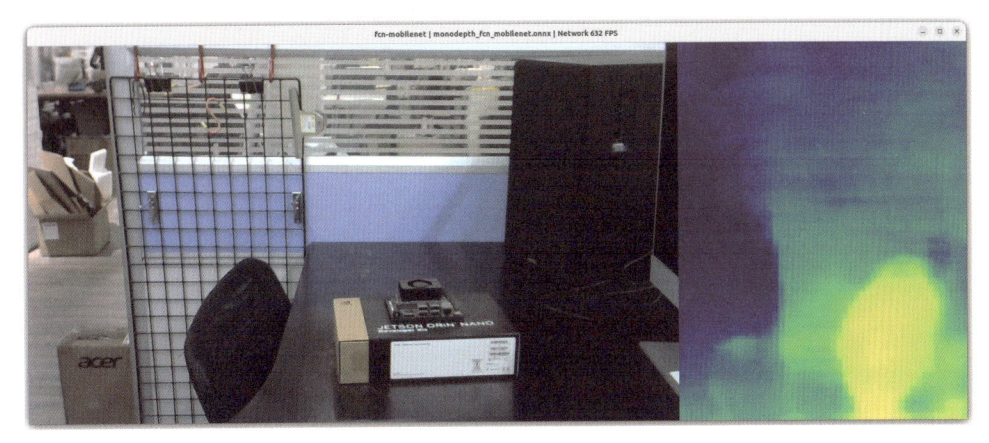

圖 3-34 使用攝影機鏡頭使用攝影機進行即時距離估計

3-41

Section 3.3 總結

本章首先介紹了電腦視覺的最重要函式庫 —— OpenCV，篇幅雖然短但應已足以讓您掌握基礎的圖像操作技術。

接著介紹了 NVIDIA 為自家 Jetson 平台所提供的 Jetson Inference 範例集，包含了各種常用的視覺應用，對於初學者來說是非常豐富的範例，讓您快速進入深度學習結合圖像處理的殿堂。下一章要介紹如何對 Jetson Orin nano 加入立體視覺，其中會用到 Intel RealSense 與 ZED 這兩款主流的景深攝影機。

· CHAPTER ·

04

整合深度視覺

隨著邊緣運算的快速發展，NVIDIA Jetson 平台以其卓越的運算能力與能效比成為 AI 與深度學習應用的核心選擇。而談到了所謂的智能系統，結合景深視覺攝影機更是賦予了裝置「理解世界」的能力。透過這些高精度的深度感測器，Jetson 平台不僅能實現三維空間建模與物體追蹤，還能在自主導航、機器人控制、手勢辨識等應用中大放異彩。

本章將深入探討如何讓 Jetson Orin Nano 整合 Intel RealSense 和 ZED 兩款主流的深度視覺攝影機，從硬體接入到軟體開發，並展示其在實際應用中的強大潛力。透過這些技術，我們將看到 AI 系統如何從平面視角跨越到三維世界，為智慧邊緣裝置帶來更多創新可能性。

所需硬體：

1. NVIDIA Jetson Orin Nano 開發者套件
2. Intel RealSense D435 景深攝影機
3. ZED2 景深攝影機

Section 4.1 Intel RealSense 景深攝影機

　　Intel RealSense 景深攝影機[1] 採用立體影像感測技術，使裝置能藉由立體視覺來理解周遭的環境，進而與環境互動。Intel RealSense 景深攝影機可在各種光照條件下於室內與室外運作，也可在多種攝影機配置中使用而無需額外校正。分為多條產品線：景深、光達、臉部辨識與追蹤等，本章將介紹 D435 景深攝影機，另外同系列相同規格的還有 D435i，差別在於後者多了 IMU。其餘規格請參考原廠介紹。

　　Intel D435[2] 擁有左右雙鏡頭，搭配紅外線感測器 (IR Sensor)，可以使用點雲格式描繪攝影機前物體的 3D 座標資料，藉此進行 3D 掃描等應用。本節將介紹 Intel RealSense D435 的安裝方式以及與 Jetson Orin Nano 結合之後的應用。

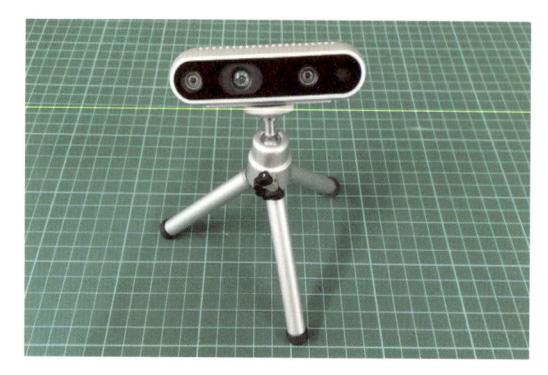

圖 4-1　Intel RealSense D435 景深攝影機

---

[1] 註解內容請見本書 github（https://github.com/cavedunissin/edgeai_jetson_orin）。以下註解皆是。

4.1.1 在 Jetson Orin Nano 上安裝 RealSense 套件

在此先說明如何在 Jetson Orin Nano 上安裝 RealSense 套件，安裝流程參考 JetsonHacks 的教學[3]，安裝時間約 60 分鐘。

Step 01 請用以下指令取得 RealSense SDK。這個 SDK 是以 Intel RealSense 原廠的 SDK[4] 做修改，支援 Intel RealSense 的 D400 系列、T265、SR300 等型號。

```
git clone https://github.com/jetsonhacksnano/installLibrealsense
```

Step 02 請用以下指令來安裝所需套件。安裝時可能要輸入使用者密碼。

```
cd installLibrealsense
./installLibrealsense.sh
```

Step 03 執行以下指令來建置所有套件，安裝時間需要大約一小時，泡杯咖啡耐心等候吧！注意：建置過程使用 `libuvc`，因此不必重新建置 kernel。

```
./buildLibrealsense.sh
```

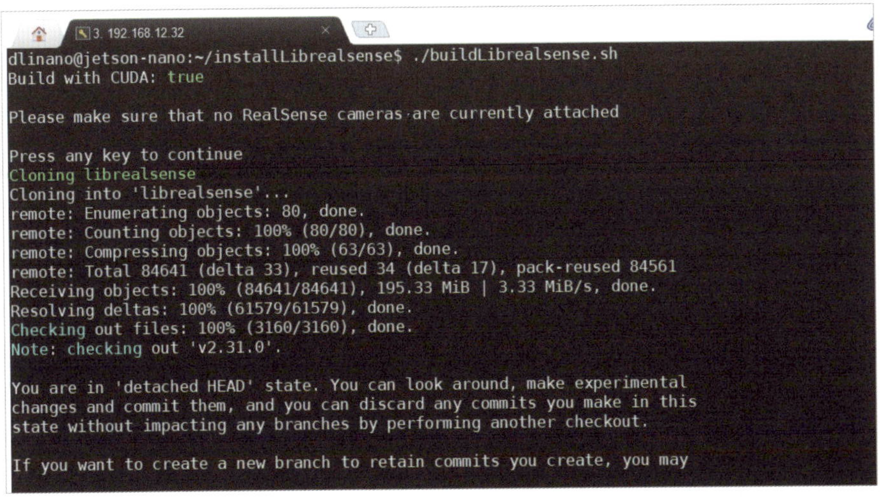

圖 4-2 Librealsense 建置過程畫面

Step 04 安裝必要的相依套件

```
sudo apt-get install libcanberra-gtk-module libcanberra-gtk3-module
```

Step 05 安裝成功後重新開機讓相關設定生效

```
sudo reboot
```

4.1.2 在 RealSense Viewer 中檢視深度影像

RealSense Viewer[5] 是 RealSense SDK 中一個很實用的小程式，它可以幫助使用者在開發程式之前快速確認以下資訊：

- RealSense 裝置型號
- 裝置與 RealSense 的 USB 版本
- 確認 RGB、深度、IR 影像
- 確認 RGB 與深度的影像整合畫面
- 設定輸出像素、FPS、ROI 與簡易的濾波

請在終端機中輸入以下指令來啟動 RealSense 操作介面：

```
realsense-viewer
```

圖 4-3 RealSenser Viewer 初始畫面

將 RealSense D435 接上您的 Jetson Orin Nano 的 USB 埠，並由 RealSense Viewer 軟體的左上角來確認 RealSense 的型號、開發板連結 RealSense 的 USB 版本，也可由 Stereo Module 選單來開啟或關閉深度資訊，最後 RGB Camera 則是一般的影像串流，如下圖紅框處。

\ 注意！/

以下畫面來自 Jetson Orin Nano 所接實體螢幕，並非透過 MobaXterm 遠端連線。

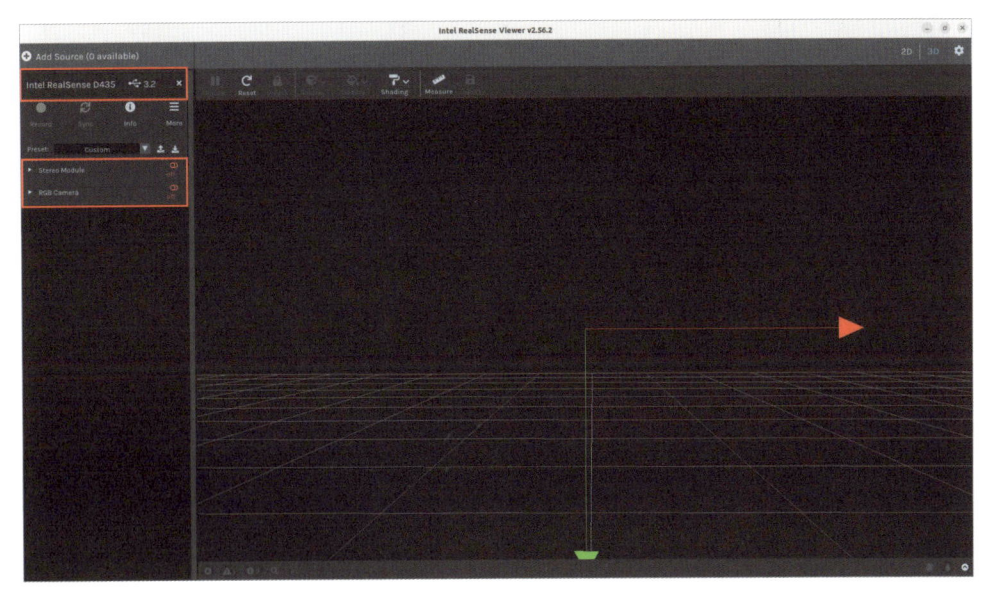

圖 4-4 RealSense Viewer 主畫面

從 **Preset** 選單中可以調整影像輸出的模式。如圖 4-5，點選 **Hand** 模式時可以更清晰呈現手指的輪廓。畫面的顏色代表偵測的距離遠近。請參考畫面右側量表來看看顏色與距離的關係，量表的範圍為 0～4 公尺。

圖中藍色的手部輪廓離攝影機最近，約 20～30 公分，背後牆壁則距離攝影機約 2 公尺。D435 的量測誤差為 1～2 公分。

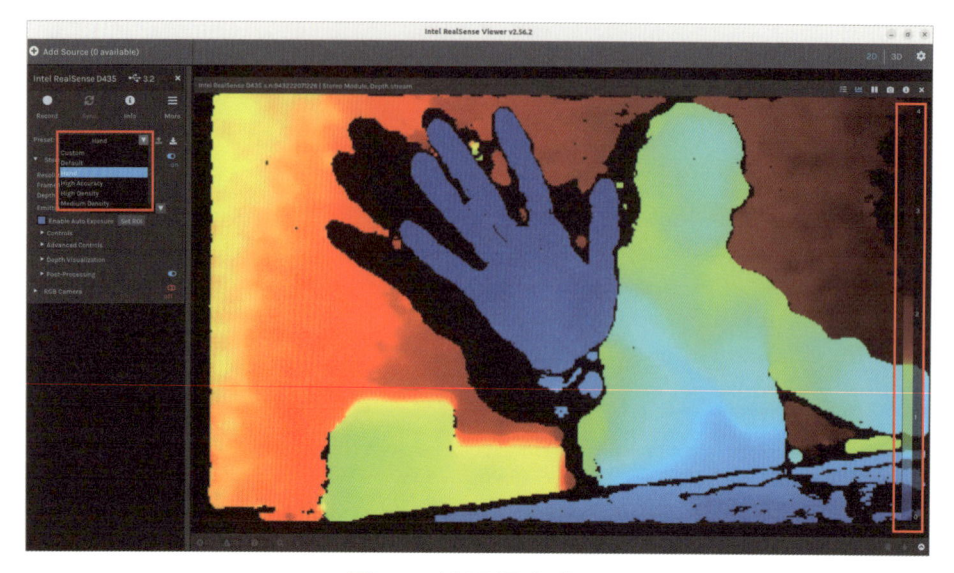

圖 4-5 檢視深度畫面

　　Stereo Module 下拉式選單有更多細節設定，包含輸出畫面的像素、FPS 以及開啟紅外線畫面。如下圖，使用者可以更細緻去確認深度、IR、RGB 影像以及 RealSense 同時輸出的狀態。每個影像視窗上的選單可以個別暫停畫面輸入、拍照與查看設定參數等等。

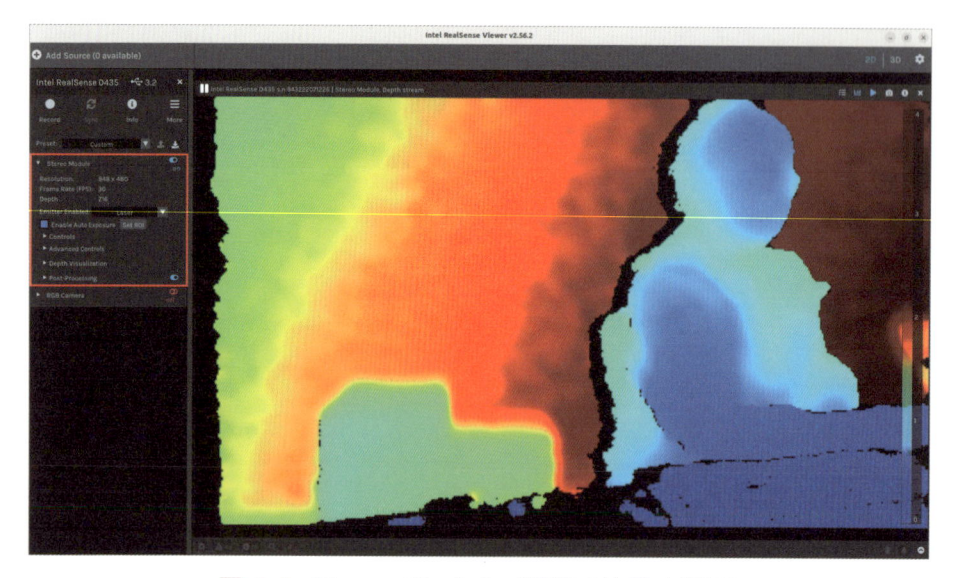

圖 4-6　Stereo Module 選單下的設定選項

4-6

如果要檢視影像中任一點的座標資料，請將滑鼠移至畫面中查看。請在 **Stereo Module** 下拉式選單中找到 **Enable Auto Exposure** 選項，也可在此設定感興趣區域（**Set ROI**）。

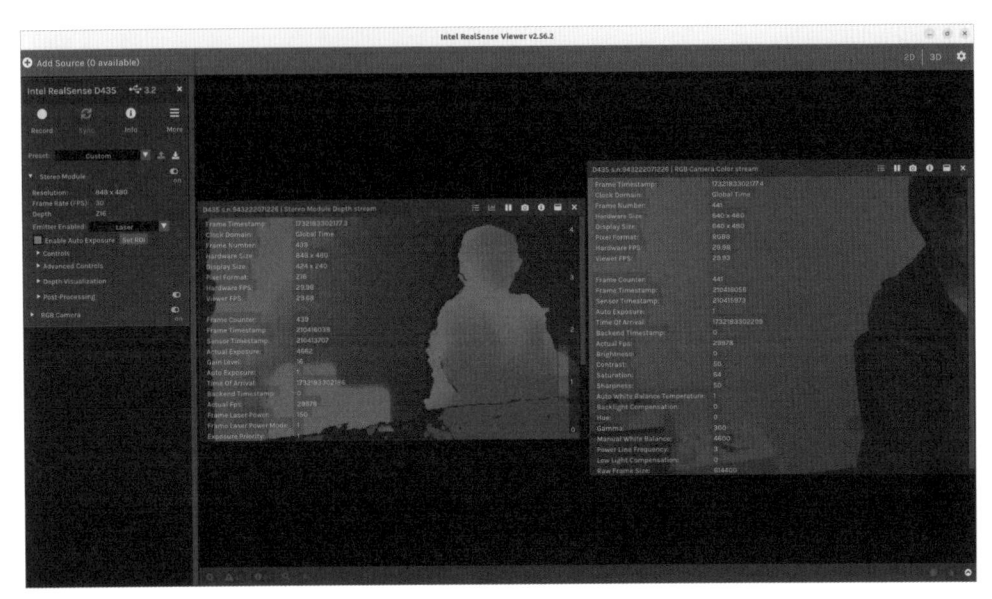

圖 4-7 各視圖的詳細資訊

點選右上角的 **3D** 選項就能以立體視角來檢視畫面。下圖可以看到正中心有一個 RealSense 的縮圖，縮圖延伸出 X、Y、Z 三軸作為三維坐標系，從畫面正中心以對角黑線（不太明顯）建構出立體空間，空間內部代表 RealSense 的深度可視範圍。請觀察圖中人物伸出的手掌，當超出空間時不會顯示深度。由畫面右上角可看到，當下所處的 2D 或 3D 視角會以藍色字體來呈現。

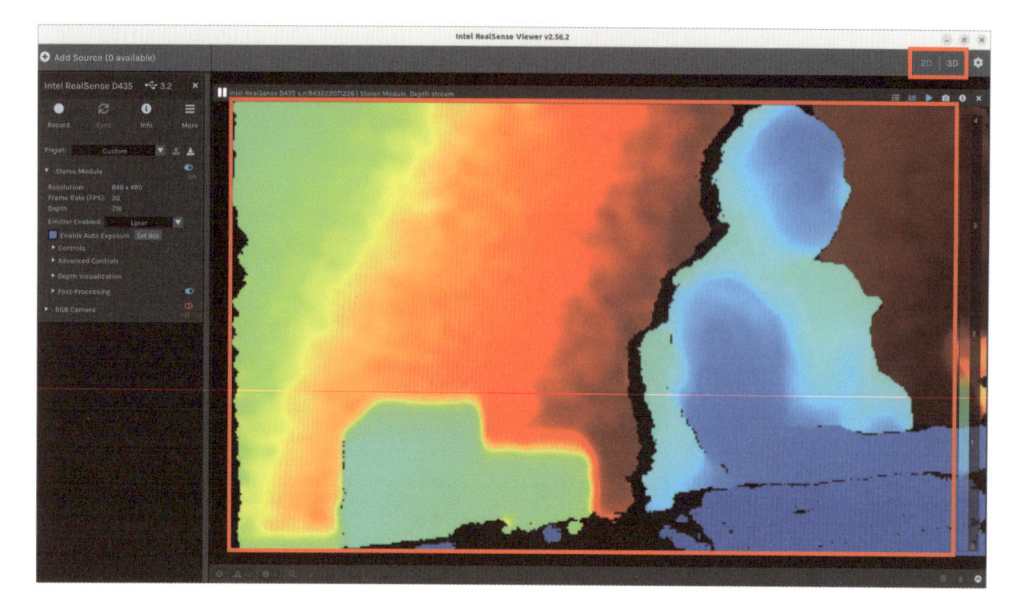

圖 **4-8** 2D 視角

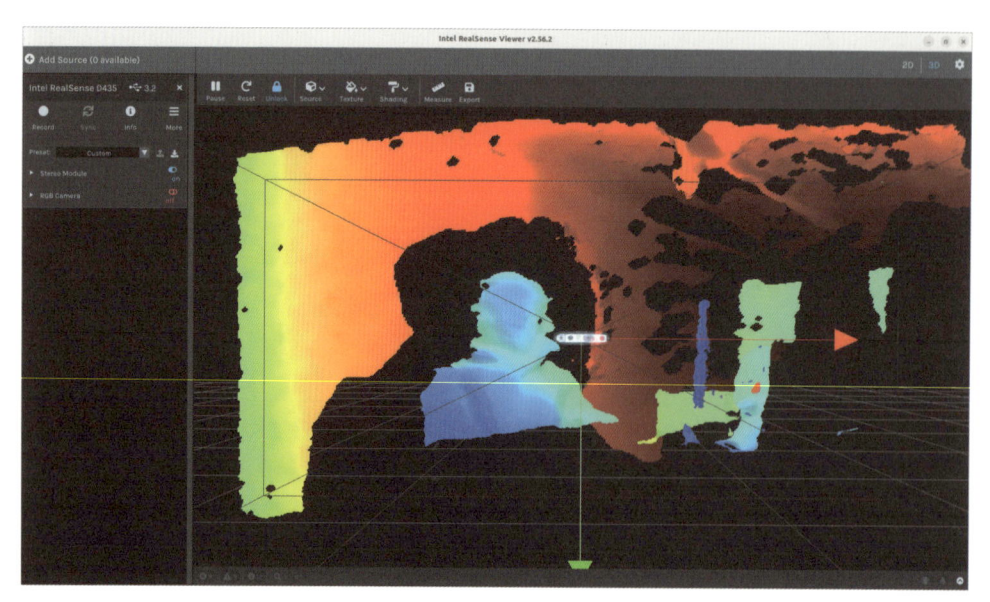

圖 **4-9** 3D 視角

4-8

4.1.3　RealSense 的 Python 範例

Intel 原廠針對 RealSense 系列裝置提供了 C 與 Python 等程式語言範例[6]，本書皆以 Python 來說明，C 語言範例位於 librealsense/example 路徑下。以下依序說明幾個重要的 Python 範例：

在終端機顯示深度資訊

本範例屬於輕量型的測試程式，請用以下指令來執行本範例：

```
cd ~/librealsense/wrappers/python/example
python3 python-tutorial-1-depth.py
```

執行後即可在終端機中看到以不同符號所呈現的深度影像，如以下畫面是一個人伸出一隻手（自行想像囉）：

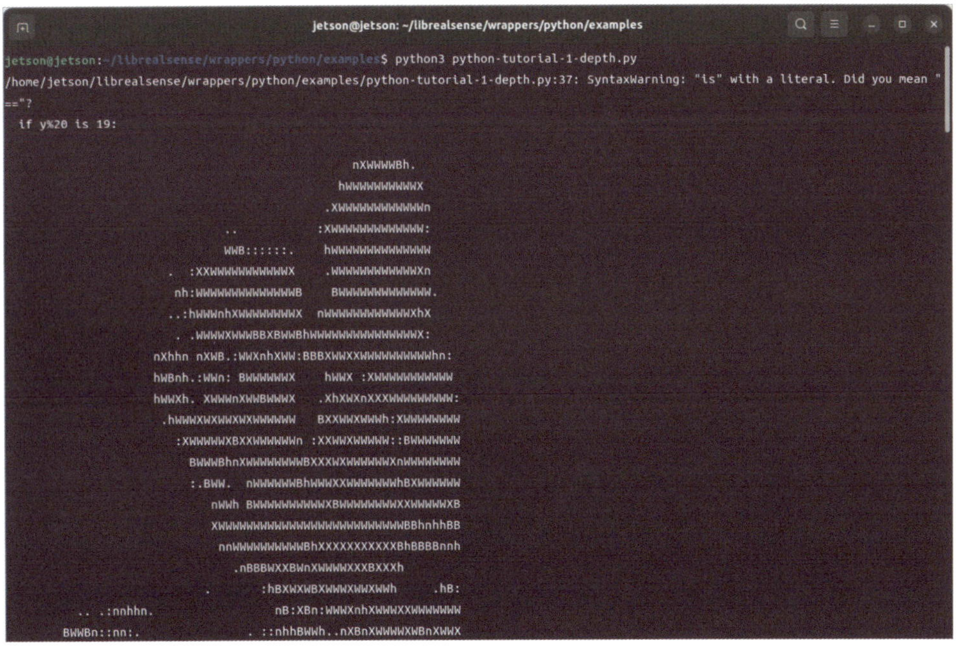

圖 4-10　python-tutorial-1-depth.py 執行畫面

4-9

python-tutorial-1-depth.py 程式碼完整內容如下：

```
## License: Apache 2.0. See LICENSE file in root directory.
## Copyright(c) 2015-2017 Intel Corporation. All Rights Reserved.

#####################################################
## librealsense tutorial #1 - Accessing depth data ##
#####################################################

# First import the library
import pyrealsense2 as rs

try:
    # Create a context object. This object owns the handles to all connected realsense devices
    pipeline = rs.pipeline()
    pipeline.start()

    while True:
        # This call waits until a new coherent set of frames is available on a device
        # Calls to get_frame_data(...) and get_frame_timestamp(...) on a device will return stable values until wait_for_frames(...) is called
        frames = pipeline.wait_for_frames()
        depth = frames.get_depth_frame()
        if not depth: continue

        # Print a simple text-based representation of the image, by breaking it into 10x20 pixel regions and approximating the coverage of pixels within one meter
        coverage = [0]*64
        for y in range(480):
            for x in range(640):
                dist = depth.get_distance(x, y)
                if 0 < dist and dist < 1:
                    coverage[x//10] += 1

            if y%20 is 19:
```

```
                line = ""
                for c in coverage:
                    line += " .:nhBXWW"[c//25]
                coverage = [0]*64
                print(line)
    exit(0)
#except rs.error as e:
#    # Method calls agaisnt librealsense objects may throw exceptions of type pylibrs.error
#    print("pylibrs.error was thrown when calling %s(%s):\n", % (e.get_failed_function(), e.get_failed_args())) 
#    print("    %s\n", e.what())
#    exit(1)
except Exception as e:
    print(e)
    pass
```

即時深度資訊與 RGB 影像串流對齊

本範例首先把深度影像與 RGB 影像對齊，之後再刪除距離較遠的部分，只留下較近的 RGB 影像，藉此做到前景後景分離的效果。

請用以下指令來執行本範例：

```
cd ~/librealsense/wrappers/python/example
python3 align-depth2color.py
```

執行畫面如下，可以看到一定距離之外的東西都被刪除了，這個距離閾值可在程式碼中修改，預設為 1 公尺：

```
clipping_distance_in_meters = 1 #1 meter
```

以下三張圖分別為 0.5、1 與 1.5 公尺的偵測結果：

圖 4-11a 0.5 公尺偵測結果

圖 4-11b 1 公尺偵測結果

圖 4-11c 1.5 公尺偵測結果

align-depth2color.py 程式碼完整內容如下：

```python
## License: Apache 2.0. See LICENSE file in root directory.
## Copyright(c) 2017 Intel Corporation. All Rights Reserved.

#####################################################
##              Align Depth to Color               ##
#####################################################

# First import the library
import pyrealsense2 as rs
# Import Numpy for easy array manipulation
import numpy as np
# Import OpenCV for easy image rendering
import cv2

# Create a pipeline
pipeline = rs.pipeline()

#Create a config and configure the pipeline to stream
#  different resolutions of color and depth streams
config = rs.config()
config.enable_stream(rs.stream.depth, 640, 480, rs.format.z16, 30)
config.enable_stream(rs.stream.color, 640, 480, rs.format.bgr8, 30)

# Start streaming
profile = pipeline.start(config)

# Getting the depth sensor's depth scale (see rs-align example for explanation)
depth_sensor = profile.get_device().first_depth_sensor()
depth_scale = depth_sensor.get_depth_scale()
print("Depth Scale is: " , depth_scale)

# We will be removing the background of objects more than
#  clipping_distance_in_meters meters away
clipping_distance_in_meters = 1 # 設定距離閾值為 1 公尺
clipping_distance = clipping_distance_in_meters / depth_scale
```

```python
# Create an align object
# rs.align allows us to perform alignment of depth frames to others frames
# The "align_to" is the stream type to which we plan to align depth frames.
align_to = rs.stream.color
align = rs.align(align_to)

# Streaming loop
try:
    while True:
        # Get frameset of color and depth
        frames = pipeline.wait_for_frames()
        # frames.get_depth_frame() is a 640x360 depth image

        # Align the depth frame to color frame
        aligned_frames = align.process(frames)

        # Get aligned frames
        aligned_depth_frame = aligned_frames.get_depth_frame()
        # aligned_depth_frame is a 640x480 depth image
        color_frame = aligned_frames.get_color_frame()

        # Validate that both frames are valid
        if not aligned_depth_frame or not color_frame:
            continue

        depth_image = np.asanyarray(aligned_depth_frame.get_data())
        color_image = np.asanyarray(color_frame.get_data())

        # 移除背景,將距離大於 clipping_distance 的像素設為灰色
        grey_color = 153
        depth_image_3d = np.dstack((depth_image,depth_image,depth_image))
        #depth image is 1 channel, color is 3 channels
        bg_removed = np.where((depth_image_3d > clipping_distance) | 
(depth_image_3d <= 0), grey_color, color_image)

        # 渲染畫面
        depth_colormap = cv2.applyColorMap(cv2.convertScaleAbs(depth_image, 
alpha=0.03), cv2.COLORMAP_JET)
```

```
        images = np.hstack((bg_removed, depth_colormap))
        cv2.namedWindow('Align Example', cv2.WINDOW_AUTOSIZE)
        cv2.imshow('Align Example', images)
        key = cv2.waitKey(1)
        # Press esc or 'q' to close the image window
        if key & 0xFF == ord('q') or key == 27:
            cv2.destroyAllWindows()
            break
finally:
    pipeline.stop()
```

使用 OpenCV 與 Numpy 顯示深度影像

習慣使用 OpenCV 做影像處理的人可以參考本範例。本範例會用到多個套件，包含 Intel 原廠的 `pyrealsense2` 套件[7] 來處理 D435 的影像、影像各點的資料矩陣則交給 `numpy`，最後則一樣使用 OpenCV 來把影像顯示於視窗中。如果您打算將 D435 結合機器學習影像辨識，這個範例是很好的參考。

為了示範如何使用 Jetson Orin Nano 搭配 RealSense D435 來偵測畫面中的人臉與距離，後續將分段詳細說明本範例（`opencv_viewer_example.py`），繼續看下去吧！

4.1.4 使用 RealSense D435 辨識人臉與距離

本節會先介紹 RealSense 原廠範例 `opencv_viewer_example.py` 的運作方式，並依序加入更多功能，包括取得單點深度資訊以及透過 Haar 分類器辨識人臉，並取得臉部距離等。

到目前為止，您應該已基本理解 RealSense D435 景深攝影機相關資訊還有 OpenCV 的基礎應用。本節要分享如何改寫 RealSense D435 的 Python 範例，使用 OpenCV 搭配深度資訊來辨識畫面中人臉與攝影機的距離。對 Jetson Orin Nano、Python、OpenCV 不太熟悉的讀者請回顧先前內容。

您需要先行安裝 RealSense D435 相關套件才能執行本節的範例，如尚未安裝完成請回顧 4.1.1 節的説明。與 RealSense Viewer 不同，本章範例可使用 MobaXterm 遠端登入後來執行，相關顯示畫面會以額外視窗來呈現，但顯示速度會受到網路連線品質影響，或者您也可以接上實體螢幕來測試相同的範例。

解析範例程式

首先介紹原廠範例 `opencv_viewer_example.py`[8] 的運作原理，請執行以下指令來同時檢視 RGB 影像與深度影像，執行過程中按下 `ctrl` + `C` 即可中斷程式並關閉攝影機畫面，或根據後續説明來加入指定鍵盤事件來跳出程式並關閉攝影機畫面，例如按下 `Esc` 或 `q` 鍵。

請用以下指令來執行本範例：

```
cd ~/librealsense/wrappers/python/example
python3 opencv_viewer_example.py
```

本範例使用常見的 OpenCV 及 NumPy 套件來處理與顯示彩色影像資訊及深度影像資訊，是相當不錯的入門範例。接著分段來説明這個程式吧：

第一段為匯入函式庫，包含 `pyrealsense2`、`numPy` 與 `cv2`（OpenCV）。

```
import pyrealsense2 as rs
import numpy as np
import cv2
```

第二段設定彩色影像串流以及深度影像串流，解析度設定為 640×480。兩者的影像資料格式各有不同：`z16` 代表 16 位元線性深度值，深度比例乘上該像素儲存的值就是測量深度值（單位為公尺）；`bgr8` 為 8

位元的藍綠紅顏色通道資訊，與 OpenCV 格式互通。其他格式請參考本章參考資料[9]。

```python
pipeline = rs.pipeline()
config = rs.config()
config.enable_stream(rs.stream.depth, 640, 480, rs.format.z16, 30)
config.enable_stream(rs.stream.color, 640, 480, rs.format.bgr8, 30)
```

接下來，啟動影像串流。

```python
pipeline.start(config)
```

主迴圈中使用了 `try/finally` 架構，本書先前範例大多使用 `try/except`。`except` 為 `try` 區塊中有發生例外則執行的區塊，而 `finally` 則是無論 `try` 區塊有無發生例外，都一定會執行 `finally` 區塊的內容。

影像專題開發者可能碰過這類經驗：如果沒有正確關閉資源，就會導致鏡頭模組在程式結束後仍被佔用，而無法順利執行後續會用到鏡頭模組資源的程式。所以 `finally` 區塊可以放入「無論什麼狀況都需要關閉資源的程式碼」。在這個範例中，`finally` 放入了關閉影像串流的程式碼。

```python
try:
    while True:
        ......
finally:
    # 停止影像串流
    pipeline.stop()
```

在 `while` 迴圈中的第一段會等待同一幀的彩色跟深度影像都準備好了，才會執行後續的影像處理，兩者缺一不可。

```python
frames = pipeline.wait_for_frames()
depth_frame = frames.get_depth_frame()
color_frame = frames.get_color_frame()
if not depth_frame or not color_frame:
    continue
```

4-17

迴圈中這一段負責將兩種影像資訊都轉換成 numpy 陣列。

```
depth_image = np.asanyarray(depth_frame.get_data())
color_image = np.asanyarray(color_frame.get_data())
```

迴圈中第三段會以假彩色來呈現不同深度，但請注意影像必須事先轉換成每像素 8 位元格式。您可以套用 OpenCV 的假彩色設定[10] 來做到不同的強調效果。除了 `cv2.COLORMAP_JET` 這個最常見的設定之外，也可以試試 `cv2.COLORMAP_SUMMER`、`cv2.COLORMAP_OCEAN` 等其他假彩色設定。

```
depth_colormap = cv2.applyColorMap(cv2.convertScaleAbs(depth_image,
alpha=0.03), cv2.COLORMAP_JET)
```

第四段中，使用 `hstack` 將彩色影像及深度影像兩張影像水平方向結合在一起，你也可以改成用 `vstack` 將兩張圖垂直結合在一起。能順利結合起來的前提是要被結合之兩張影像邊緣的像素數量要相符。

```
images = np.hstack((color_image, depth_colormap))
```

第五段把先前處理好的 `images` 顯示在視窗中，視窗標題則設定為 `RealSense`。

```
cv2.namedWindow('RealSense', cv2.WINDOW_AUTOSIZE)
cv2.imshow('RealSense', images)
```

第六段為練習用，設定按下鍵盤的 Esc 鍵或是 q 鍵就會立刻關閉上一步中用於顯示影像的視窗。請用 nano 或您常用的編輯器開啟 opencv_viewer_example.py，並在指定位置加入以下程式碼。

```
        key = cv2.waitKey(1)

    if key & 0xFF == ord('q') or key == 27:
        cv2.destroyAllWindows()
        break
```

回到範例資料夾，並執行以下指令來編輯檔案，並貼上剛剛的程式碼。

```
cd ~/librealsense/wrappers/python/examples
nano opencv_viewer_example.py
```

請試著自己做做看吧，完成之後將其另存為 `opencv_viewer_example_v2.py`，完整程式碼請由本書 GitHub 取得。最後請用以下指令來執行本範例：

```
python3 opencv_viewer_example_v2.py
```

執行畫面如下，左邊為彩色影像資訊、右邊為深度影像資訊。請在 RealSense 鏡頭前晃動物體來看看畫面顏色的變化吧。隨時按下 Esc 鍵或是 q 鍵就可以關閉影像視窗並結束程式。

圖 4-12 `opencv_viewer_example_v2.py` 執行畫面

取得單點深度資訊

知道如何取得影像及如何影像串流之後，下一步就是練習取得指定像素的深度資訊。本範例是修改原廠範例 `opencv_viewer_example.py` 來顯示畫面中指定點的深度資訊。請試著自己做做看，完整程式碼 `opencv_singlepoint_viewer_example.py` 請由本書 github 取得。

首先，讓彩色影像跟深度影像對齊是非常重要的！沒有對齊的話，所取得的彩色資訊跟深度資訊就會搭不上，以下是影像對齊的程式碼：

```
align_to = rs.stream.color
align = rs.align(align_to)
...
aligned_frames = align.process(frames)
depth_frame = aligned_frames.get_depth_frame()
color_frame = aligned_frames.get_color_frame()
```

使用下列程式碼取得影像中像素位置的深度資訊：

```
depth_frame.get_distance(x, y)
```

為了方便示範，接下來的範例中會試圖取得影像正中央的像素，也就是點 `(320,240)` 的深度資訊。並將深度資訊使用 `np.round()` 取到指定小數位數之後顯示出來。

```
text_depth = "depth value of point (320,240) is "
            +str(np.round(depth_frame.get_distance(320, 240),4))+"meter(s)"
```

請用以下語法來確認所取得的影像大小：

```
print("shape of color image:{0}".format(color_image.shape))
```

接下來使用 OpenCV 的 `circle()` 函式在原始的彩色影像上用黃色標出我們所要取值的點：

```
color_image = cv2.circle(color_image,(320,240),1,(0,255,255),-1)
```

接著在彩色圖像上加上深度資訊相關文字,在此使用紅色。別忘了 OpenCV 的顏色順序為 BGR,所以 (0,0,255) 為紅色,別擔心,您很快就會習慣的。

```
color_image=cv2.putText(color_image, text_depth, (10,20),
    cv2.FONT_HERSHEY_PLAIN, 1, (0,0,255), 1, cv2.LINE_AA)
```

回到範例資料夾,並執行以下指令來編輯檔案,並貼上剛剛的程式碼。

```
cd ~/librealsense/wrappers/python/examples
nano opencv_viewer_example.py
```

請試著自己做做看吧,完成之後將其另存為 opencv_singlepoint_viewer_example.py,完整程式碼請由本書 GitHub 取得。最後請用以下指令來執行本範例:

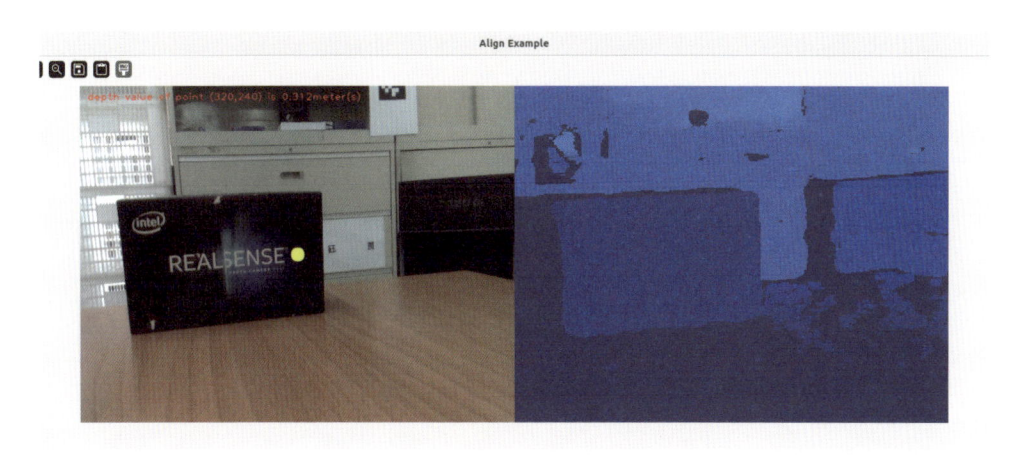

```
python3 opencv_singlepoint_viewer_example.py
```

執行畫面下,可以看到畫面左上角顯示了深度相關訊息(0.312 公尺),請移動物體來看畫面與終端機中的數值變化:

圖 4-13 opencv_singlepoint_viewer_example.py 執行畫面

到目前為止，我們已可在畫面上即時呈現深度距離訊息，也在畫面正中間加了黃色標記點幫助您確認量測點。請回顧第 2 章的 `cv2.putRectangle` 或 `cv2.line` 語法在畫面上做各種標註或格線。本範例可以延伸出很多與距離偵測相關的應用，例如室內空間丈量、偵測物品是否擺放整齊或是搭配大型螢幕做成互動遊戲裝置等等，甚至連設計與服裝領域都是這類小型距離量測裝置的絕佳舞台呢。

人臉辨識並取得臉部距離

想要做人臉辨識的話，只要稍微修改前一個範例就能使其改為偵測人臉，並在人臉的方框左上方顯示人臉距離，是不是愈來愈厲害了呢？本範例是修改原廠範例 `opencv_singlepoint_viewer_example.py` 而來，請試著根據以下步驟親自做一遍吧！完整程式碼 `opencv_facedistance_viewer_example.py` 請由本書 GitHub 取得，或自行下載完整的 Haar 分類器檔案來測試更多效果，後續步驟會介紹。

加入的第一行為 Haar 分類器的檔案路徑，在此使用 `haarcascade_frontalface_default.xml`。請根據您的擺放位置來修改以下的路徑。有興趣的人可以玩看看 `/haarcascades` 資料夾下的其他偵測器[11]。

> **注意！**
> Haar 分類器可以偵測畫面中的人臉，但無法分辨兩張臉的區別。如果要分辨臉孔的話，當然就需要訓練神經網路來進行推論喔！

```
face_cascade = cv2.CascadeClassifier('/home/your_user_name/opencv/data/haarcascades/haarcascade_frontalface_default.xml')
```

下一步將圖像轉為灰階，方便後續偵測：

```
gray = cv2.cvtColor(color_image, cv2.COLOR_BGR2GRAY)
```

設定人臉偵測的參數，在此設定人臉偵測的最小尺寸為 50x50 像素，低於此大小則忽略不會將其視為人臉，詳細參數請參考 OpenCV 相關文件 [12]：

```
faces = face_cascade.detectMultiScale(gray, scaleFactor=1.2,
    minNeighbors=5, minSize=(50,50))
```

每一張人臉都會用方框框起來並標記深度距離。本範例以人臉方框的正中央來代表人臉與鏡頭的距離。顯示深度的字串位置如果直接設為 (x, y) 會跟方框重疊在一起，所以將 y 修改為 y-5 讓文字略高於方框。任何顏色、粗細、字型、字體等喜好都可以自行做調整。

```
for (x, y, w, h) in faces:
    cv2.rectangle(color_image, (x, y), (x+w, y+h), (255, 0, 0), 2)
    text_depth = "depth is "+str(np.round(depth_frame.get_distance(int(x+(1/2)*w), int(y+(1/2)*h)),3))+"m"
    color_image = cv2.putText (color_image, text_depth,(x, y-5), cv2.FONT_HERSHEY_PLAIN,1,(0,0,255),1,cv2.LINE_AA)
```

輸入以下指令來開啟檔案並貼入上述程式碼。

```
nano opencv_facedistance_viewer_example.py
```

執行本範例之前，首先要下載 OpenCV 的 Haar 人臉分類器檔案 [11]，請回到 /home 目錄，並輸入以下指令來下載 OpenCV 資料集。

```
cd ~
git clone https://github.com/opencv/opencv.git
```

下載完之後移動回範例資料夾，並執行以下指令來編輯檔案，並貼上剛剛的程式碼。

```
cd ~/librealsense/wrappers/python/examples
nano opencv_viewer_example.py
```

完成之後將其另存為 `opencv_facedistance_viewer_example.py`，完整程式碼請由本書 GitHub 取得。最後請用以下指令來執行本範例：

```
python3 opencv_facedistance_viewer_example.py
```

執行成果如下圖，可以順利偵測到多張人臉了，並可看到臉部與鏡頭的距離。由於臉部辨識效果完全仰賴 Haar 分類器，因此只有某些特定角度比較容易偵測得到，您可以在鏡頭前轉動頭部來看看偵測的極限。

單人版本：

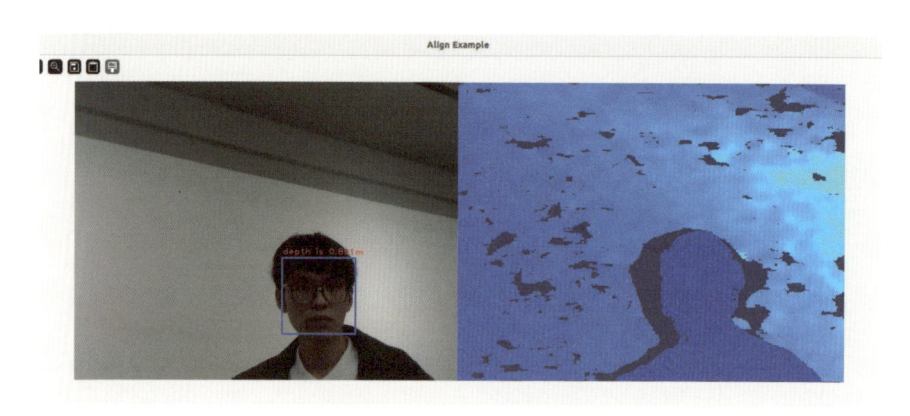

圖 4-14 單人偵測畫面

多人版本：

圖 4-15 多人偵測畫面

本範例屬於初步整合範例，僅用人臉偵測方框的中間點深度值來代表整張臉。想要進一步練習的人，可以試著將整個方框的所有像素深度值去除極端值後再取平均，會有更精確的距離偵測效果。或者整合之前的範例，先去除背景之後再取平均值也是不錯的做法，多多練習吧！

Section 4.2　ZED 景深攝影機

4.2.1　硬體介紹

ZED 景深攝影機由 Stereolabs 開發[13]，使用類似人類雙眼視覺的雙鏡頭技術來捕捉高解析度影像並精確測量環境深度。它透過比較兩個鏡頭的視角生成 3D 深度圖，實現空間理解，應用於自駕車導航、3D 地圖繪製、機器人技術、擴增實境和監控等領域。

ZED 2i[14] 則是其中一款進階型號，除攝影機模組之外還有額外的感測器，如慣性測量單元（IMU）、氣壓計和磁力計，提供更精確的環境感知與動態感測能力。其深度偵測範圍可達 20 公尺，並使用神經網路進行深度處理。ZED 2 的視野廣達 120 度，適合室內外等多樣應用，能在複雜的環境下提供穩定的深度感測。本章將使用 ZED2i 來展示相關功能。

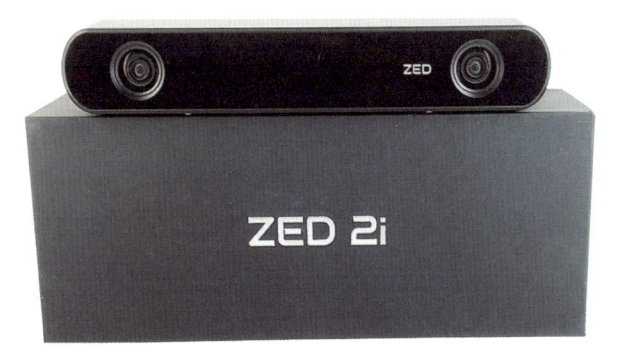

圖 4-16　ZED 2i 景深攝影機

4.2.2　環境設定

下載與安裝 ZED SDK

　　ZED SDK 支援 Windows 與 Linux 作業系統以及本書主角：NVIDIA Jetson 系列單板電腦。SDK 已包含驅動程式，以及所有用於測試 ZED 攝影機功能與設定的必要函式庫。如果要部署於產品階段環境，建議您將應用程式與 ZED SDK 打包為 Docker 容器。

　　Windows 系統安裝過程相當直觀，在此不述，在此說明如何在 NVIDIA Jetson 平台安裝 ZED SDK。由於本書所用的 NVIDIA Jetson Orin Nano 使用 Jetpack 6 版本，因此需要下載對應的 ZED SDK 版本為 4.2。在安裝時很可能已經推出了更新版的 ZED SDK，請務必檢查版本對應。

　　由此下載 ZED SDK[15] 之後，把安裝檔放到 /home 目錄，並輸入以下指令執行：

```
chmod +x ZED_SDK_Tegra_L4T36.3_v4.2.2.zstd.run
./ZED_SDK_Tegra_L4T36.3_v4.2.2.zstd.run
```

> **於一般電腦上安裝 ZED**
>
> 安裝完成後，ZED Explorer 會位於以下路徑：
> - Windows：C:\Program Files (x86)\ZED SDK\tools\ZED Explorer.exe
> - Ubuntu：/usr/local/zed/tools/ZED Explorer

在 Jetson 平台與安裝 ZED SDK

ZED Explorer 軟體

ZED Explorer 軟體可即時預覽與錄製 ZED 攝影機的影像。您可由其中更改影像解析度、長寬比、攝影機參數，還能擷取高解析度畫面與 3D 影像。

4 整合深度視覺

如果您的電腦有順利抓到 ZED 攝影機的話，就可從其畫面中檢視來自攝影機的 3D 影像。

安裝完成之後，進入 /usr/local/zed/tools/ 目錄。

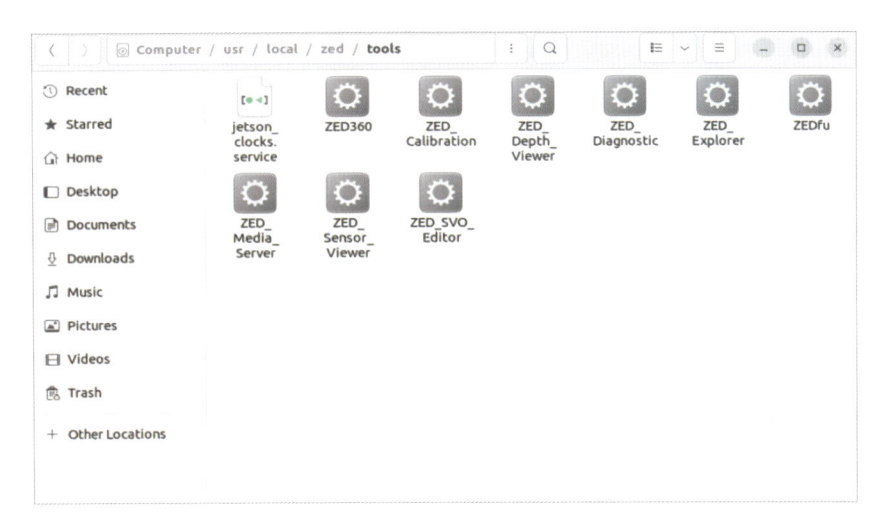

圖 4-17 ZED Explorer 所在目錄

點選 ZED_Explorer 檔即可開啟本軟體，如果看到攝影機畫面就代表相關套件都已正確安裝。

圖 4-18 ZED Explorer 執行畫面

ZED Depth Viewer 軟體

ZED Depth Viewer 軟體負責擷取並呈現深度地圖與 3D 點雲。請執行 ZED Depth Viewer 軟體來檢查是否正確顯示視覺資訊，也請試試看不同的深度模式來選擇最適合您需求的品質 / 效能組合。

同樣在 /usr/local/zed/tools/ 目錄下點選 ZED_Depth_Viewer 檔即可開啟本軟體，如果看到攝影機畫面就代表相關套件都已正確安裝。

圖 4-19 ZED Depth Viewer 執行畫面

4.2.3 範例

Stereolab 已提供了許多方便上手的範例[16]，並同時提供了 C++ 與 Python 兩種程式語言的版本，本書編寫期間的範例清單如下。鑑於篇幅，我們只會介紹 **Depth Perception** 這個範例，其餘範例執行的方式都相當一致。ZED 原廠教學寫得相當完整，請一定要去看看喔！也請參考 CAVEDU 部落格的 ZED 相關文章[17]。

- **Hello ZED**：簡單小範例，說明如何開啟 ZED 並在終端機中顯示機器序號。
- **Image Capture**：開啟 ZED、擷取影像並在終端機中顯示其時間戳記和影像大小。
- **Depth Perception**：取得場景的深度和點雲，並在終端機中顯示指定點的距離。
- **Camera Tracking**：啟用位置追蹤並即時取得相機的位置和方向。
- **Spatial Mapping**：啟用空間映射並捕捉環境的網格或融合點雲。
- **3D Object Detection**：偵測場景中的物件並進行 3D 定位。
- **Using Sensors**：取得 IMU、氣壓計和磁力計資料。
- **3D Body Tracking**：如何在 3D 場景中偵測人體骨架。
- **Geo-tracking**：使用地理追蹤 Fusion API 在地圖上顯示融合的 GNSS 和位置追蹤資料。

接著要執行 **Depth Perception** 深度偵測點雲 Python 範例。請開啟終端機執行以下指令：

```
cd ~/zed/samples/body tracking/python/
python3 body_tracking.py
```

執行之後就可以看到由攝影機輸出的 RGB 彩色點雲畫面，拖動滑鼠就能改變視角，這樣能同時檢視畫面的深度資訊與 RGB 影像內容。

圖 4-20 RGB 彩色點雲畫面

本書後續在第 5 章專章中，就會讓 Jetson 機器人結合 ZED2i 的立體視覺功能來打造出一台功能完整的自動化移動機器人 AMR 平台。

Section 4.3 總結

本章介紹了如何在 NVIDIA Jetson Orin Nano 上使用 Intel RealSense D435 以及 ZED2 這兩款景深攝影機，讓您的機器視覺專案更厲害。取得深度（距離）資訊會讓您的視覺應用專題更豐富。本章首先介紹了 Intel RealSense D435 攝影機模組與其安裝步驟，接著使用其專屬軟體來體驗其功能，也使用原廠範例來說明 Jetson Orin Nano 與 D435 結合之後的諸多應用。

好東西不怕多，ZED2 就是這樣，我們也依照相同架構說明了如何將 ZED2 與 Jetson Orin Nano 搭配使用，後續在下一章「ROS2 機器人作業系統」中，您還會看到 ZED2 再次登場，讓機器人更厲害！

· CHAPTER ·

05

ROS2 機器人作業系統

本章將介紹如何運用 ROS2 機器人作業系統搭配 NVIDIA Issac ROS 套件來實現各種實用的機器人功能。你會在 NVIDIA Jetson Orin Nano 8GB 開發者套件上實際執行 ROS2 Humble Hawksbill（LTS），並執行 NVIDIA Issac ROS 的相關範例。我們還在整合更多 ROS2 結合 Jetson 平台的應用，更多資訊會不定期更新在 CAVEDU 技術部落格與 CAVEDU YouTube。

NVIDIA 執行長黃仁勳先生也多次公開表示「機器人的 ChatGPT 時代已經來臨。」令人非常期待機器人再未來能有更多應用呢！

所需軟硬體：

1. NVIDIA Jetson Orin Nano 開發者套件
2. Jetpack 6.0 GA
3. L4T 36.3.0
4. Ubuntu 22.04 LTS

至於大家最關心的機器人硬體，本章將以 RK ROS 機器人[1] 來說明，運算核心當然是本書主角：NVIDIA Jetson Orin Nano 8GB 開發者套件，材料表相當繁瑣，細節請參考本書 GitHub。

圖 5-1 RK ROS2 機器人平台

Section 5.1 ROS / ROS2

5.1.1 ROS

機器人作業系統（ROS，Robot OperatingSystem）[2] 最初是在 2007 年誕生於史丹佛大學的 AI 實驗室，最初目的是希望提供一套高度一致性的軟體架構，方便機器人開發者快速進行各種研究與應用開發。但當年開

---

1 註解內容請見本書 github（https://github.com/cavedunissin/edgeai_jetson_orin）。
以下註解皆是。

發團隊在研究時，發現到許多同事（包括他們自己）都因機器人技術的多元本質而受阻：優秀的軟體開發者不一定具備所需的硬體知識，而機電控制小組對於電腦視覺也可能沒那麼熟悉。

這正是機器人開發的黑箱特性，隨著機器人技術的快速進步，開發機器人應用變得越來越複雜，不同的硬體平台、感測器和控制方法之間需要一個通用的框架來進行整合。因此，ROS 作為一個模組化的系統誕生了，可將機器人的不同功能（例如感知、移動、控制等）分解為可以重複使用的軟體元件。

ROS 並非傳統意義上的作業系統，它更像是一個運行於 Linux 之上的中介軟體，提供了各種常用的機器人功能模組，如硬體抽象化、裝置驅動、通訊管理和工具包等。這使得研究者和開發者能夠快速搭建從感測器資料處理到機器人運動規劃的整體系統。由於其開放原始碼以及豐富的社群支援，ROS 很快成為全球最熱門的機器人作業系統，並被廣泛應用於自動駕駛、無人機、機械手臂與智慧家庭等各類領域。

5.1.2 ROS2

隨著機器人應用情境的不斷衍伸以及我們人類對機器人的要求愈來愈高，ROS 的某些侷限性逐漸顯現出來，特別是在工業和嵌入式系統領域。例如，ROS 的通訊架構是以單一中央節點為基礎，缺乏即時性保證，不太適合多機協作或是高度要求即時性的應用。此外，ROS 無法原生支持嵌入式裝置和多核心處理器，這使其在需要高效能和分散式控制的場景中受到諸多限制。

因此為了克服這些限制，ROS2 應運而生。ROS2[3] 的設計理念是在維持 ROS 模組化、靈活性特點的基礎上，進行了大規模的架構重構。以下是 ROS2 相對於 ROS 的主要改進：

- 即時性支援：ROS2 引入了即時系統的概念，並使用 DDS（Data DistributionService）作為通訊層，這使得 ROS2 能夠滿足嚴格的即時性要求。這一改進使其更適用於自動駕駛車輛、工業機器人等需要精確控制的情境。

- 分散式系統：ROS2 的架構使其更適合多機協作和分散式系統的開發。它不再依賴單一的主控節點，而是透過 DDS 實現多個節點之間的直接通訊，增強了系統的穩定性和可擴充性。

- 跨平台支援：相較於 ROS 只能運行在 Linux 系統上，ROS2 支援更多作業系統，包括 Linux、Windows 和 macOS，這大大擴展了其應用場景，特別是在工業和商業領域。

- 安全性：ROS2 導入了 DDS 的安全機制，支援加密通訊和存取控制，進一步提升工業應用中的資料安全和隱私保護。

- 多執行緒：ROS2 支援多執行緒，代表它能充分運用多核心處理器的威力來實現高速平行運算。

ROS2 是為了滿足現今日益多元的機器人應用需求而設計的，尤其是在高即時性、多機協作、嵌入式裝置和安全需求高的情境，它提供了更靈活且穩定的解決方案。隨著越來越多的企業和開發者轉向 ROS2，它正逐漸取代 ROS 成為機器人開發的主流框架。完整 ROS 版本清單請參閱 ROS 網站[4]。

Section 5.2 NVIDIA Issac ROS

NVIDIA Isaac ROS[7] 是 NVIDIA 為機器人開發提供的軟體框架，目的是運用 GPU 來加速各種 ROS 應用。Isaac ROS 包含了一系列最佳化後的 ROS 和 ROS2 模組，專為在 NVIDIA Jetson 平台以及其他搭載 NVIDIA GPU 的硬體設備上執行機器人應用而設計。這些模組包含了感知、導航、影像處理等功能，並充分結合 NVIDIA 的 AI 與加速運算能力來大幅提升機器人系統效能。搭配 NVIDIA 自家的 CUDA 和 TensorRT 等專利技術，Isaac ROS 在 Jetson 邊緣運算平台上實現了更高效的運算表現，支援即時處理和 AI 推論。NVIDIA Isaac ROS 系統架構如下圖：

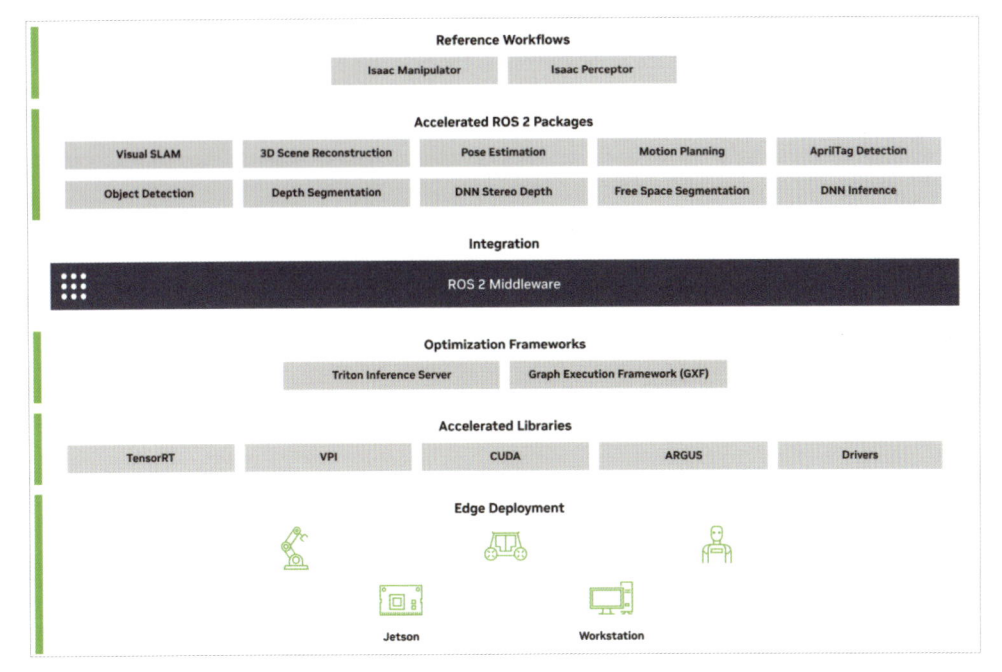

圖 5-2　NVIDIA Isaac ROS 系統架構
（圖片來源：NVIDIA Issac ROS[5]）

加速 ROS/ROS2 應用

NVIDIA Isaac ROS 的最大特點是透過 GPU 加速來提升 ROS 和 ROS2 節點的計算效率。Isaac ROS 提供了一組經過最佳化的加速演算法，這些演算法能夠在 Jetson 和基於 NVIDIA GPU 的平台上高效運行，從而使 ROS/ROS2 應用能夠在即時系統中達到相當優異的效能。這對於需要即時處理的應用，例如自動駕駛、SLAM（同時定位與地圖構建）、物體辨識等功能來說非常重要。

支援的核心模組

Isaac ROS 針對加速 ROS 應用提供了多個核心模組，說明如下：

- 視覺處理模組：Isaac ROS 包含了針對圖像處理和視覺感知的加速庫，例如圖像分割、物件偵測和追蹤。這些模組可直接與 ROS/ROS2 的攝影機驅動程式整合並支援 GPU 加速。

- SLAM 模組：針對機器人自主導航的需求，Isaac ROS 提供了高度最佳化的 SLAM（Simultaneous localization and mapping，同時定位與地圖構建）演算法，能在自家的 Jetson 平台上即時生成地圖並進行定位。

- 多相機處理：Isaac ROS 支援多攝影機系統，並提供多視角的同步處理功能，這使其特別適用於需要精確視覺感知的應用（如機器人手臂控制、自動駕駛等）。

與 Jetson 平台的高度整合

Isaac ROS 被專門設計來充分發揮 NVIDIA Jetson 平台的 GPU 運算能力，利用 TensorRT 與 CUDA 等技術來實現對深度學習和推論運算的加速。這使得 ROS/ROS2 應用能夠在 Jetson AGX Orin、Jetson Orin NX 和 Jetson Orin Nano 等平台上有更進一步的效能提升，滿足各種即時應用的需求。

開放原始碼與 ROS 社群支援

Isaac ROS 為開放原始碼專案，並且完全相容 ROS 和 ROS2 的開發生態系。開發者可以在 ROS 社群中找到相關資源並參與 Isaac ROS 的開發。NVIDIA 提供了大量的範例和文件，幫助開發者快速上手並整合 Isaac ROS 至現有的 ROS/ROS2 專案中。

實際應用案例

Isaac ROS 已經在多個領域得到了廣泛應用:

- 自主機器人導航:Isaac ROS 透過 GPU 來加速 SLAM 和物體辨識,實現了自主機器人在複雜環境中的即時導航。

- 工業自動化:在工業機器人中,Isaac ROS 有助於實現了高效視覺檢測和操作控制,大幅縮短了處理時間並提升精度。

- 自動駕駛:Isaac ROS 支援多感測器的資料融合,有助於自動駕駛系統實現即時物件偵測與路徑規劃。

NVIDIA 執行長黃仁勳先生於 2024 年多場發表會所提到的 NVIDIA Project Gr00t[6],是一項致力於開發全能型機器人基礎模型的計畫,該模型能夠接受多模態指令(如語音、手勢等)和歷史互動紀錄來生成機器人的動作。Project Gr00t 結合高階推理、規劃以及低階的精確動作控制,並整合 NVIDIA 的 AI 平台、DGX 雲平台、Isaac Lab 強化學習以及 Isaac ROS 來加速機器人的諸多功能。

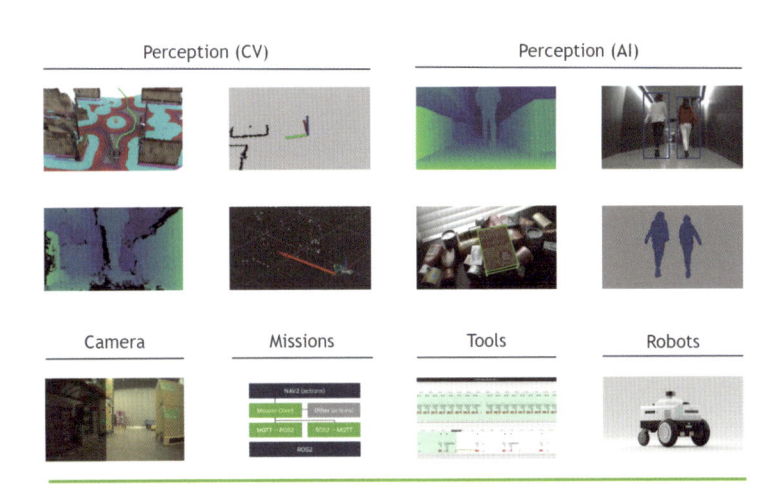

圖 5-3 Isaac ROS 提供之主要功能
(圖片來源:NVIDIA Issac ROS GitHub[9])

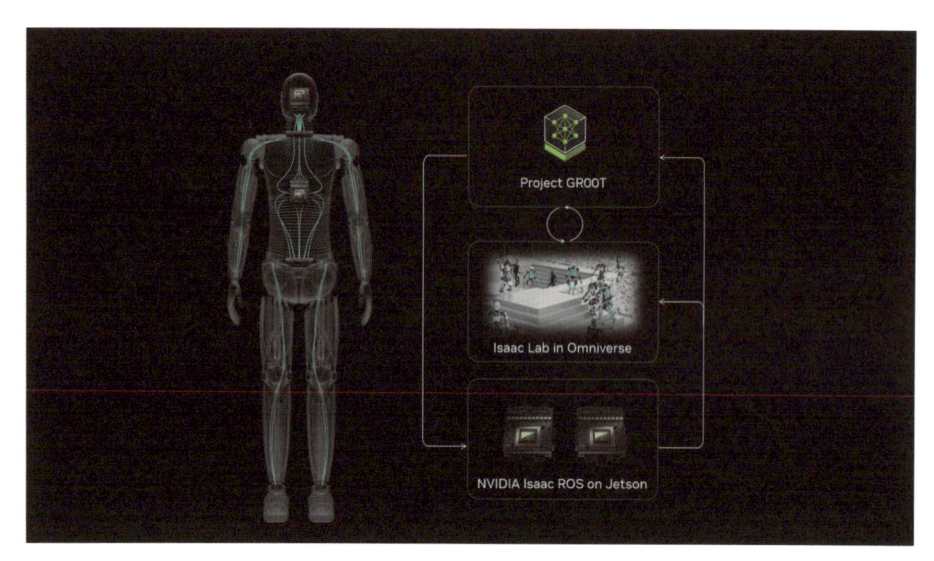

圖 5-4　NVIDIA Project Gr00t
（圖片來源：NVIDIA Issac ROS GitHub[7]）

Section 5.3　安裝 ROS2

請根據以下指令在 Jetson Orin Nano 上安裝 ROS2：

Step 01　下載腳本

```
git clone https://github.com/xerathyang/orin_amr_docker.git
```

Step 02　移動目錄到腳本位置

```
cd orin_amr_docker
```

Step 03　修改腳本為可執行檔

```
chmod +x run_docker.sh
```

Step 04 執行腳本

```
./run_docker.sh
```

執行畫面如下，看到 **OK** 代表 docker 成功執行：

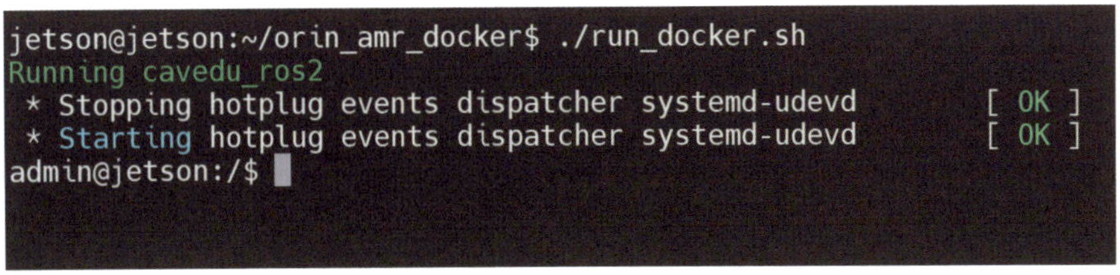

```
jetson@jetson:~/orin_amr_docker$ ./run_docker.sh
Running cavedu_ros2
 * Stopping hotplug events dispatcher systemd-udevd     [ OK ]
 * Starting hotplug events dispatcher systemd-udevd     [ OK ]
admin@jetson:/$
```

圖 5-5 執行 docker 腳本畫面

Section 5.4 RK ROS2 移動平台

CAVEDU 將這幾年的技術都凝聚在這台機器人身上了！主要功能如下：

1. **遙控移動**：使用遠程控制方式，讓機器人根據指令在各種環境中精確移動，實現靈活的即時性操作。

2. **定位與建立地圖**：透過感測器資料和演算法，讓機器人能在未知環境中進行自我定位，同時建立高精度的周圍環境地圖。

3. **路徑規劃**：利用地圖資料和演算法，預測機器人的最佳行進路線，以避開障礙並快速到達目標位置。

4. **路徑導航**：依據已規劃路徑來引導機器人沿著既定軌跡行進，還能動態調整方向來避開障礙物。

5. **導航點導航**：設定多個導航點，讓機器人能夠根據預先定義的路徑來依序抵達每個點位。

6. **重複執行導航**：保存機器人的導航軌跡，並多次執行相同的路線，以確保精確性和可靠性。

7. **[進階應用] 保存與載入地圖與導航點**：提供功能讓機器人保存已建立的地圖和導航點，方便日後快速載入並繼續導航任務。

8. **[進階應用] 動態障礙物躲避**：即時監測周圍環境，利用演算法讓機器人能動態躲避移動中的障礙物，確保行進安全。

5.4.1 機器人系統架構

硬體架構

- 底盤：負責機器人的移動和機械結構。

- 下位機（Pi Pico）：與底盤連接，負責底盤的控制，並透過序列通訊與上位機進行資料交換。

- 上位機（Jetson Orin Nano）：核心運算單元，處理 SLAM、導航、光達等計算任務，並與下位機進行指令傳遞。

- 光達：收集環境資料，提供給上位機進行 SLAM 建圖與定位。本章所使用的為 Waveshare STL27L。

軟體架構（ROS2 程式）

- 遙控程式：提供遠程操控機器人移動的功能。

- 控制程式：負責機器人運動的控制，處理導航指令。

- 地圖建置與定位（SLAM）：使用光達資料進行即時地圖構建和機器人定位。

- 導航程式：規劃機器人的移動路徑，根據 SLAM 提供的位置資訊進行導航。

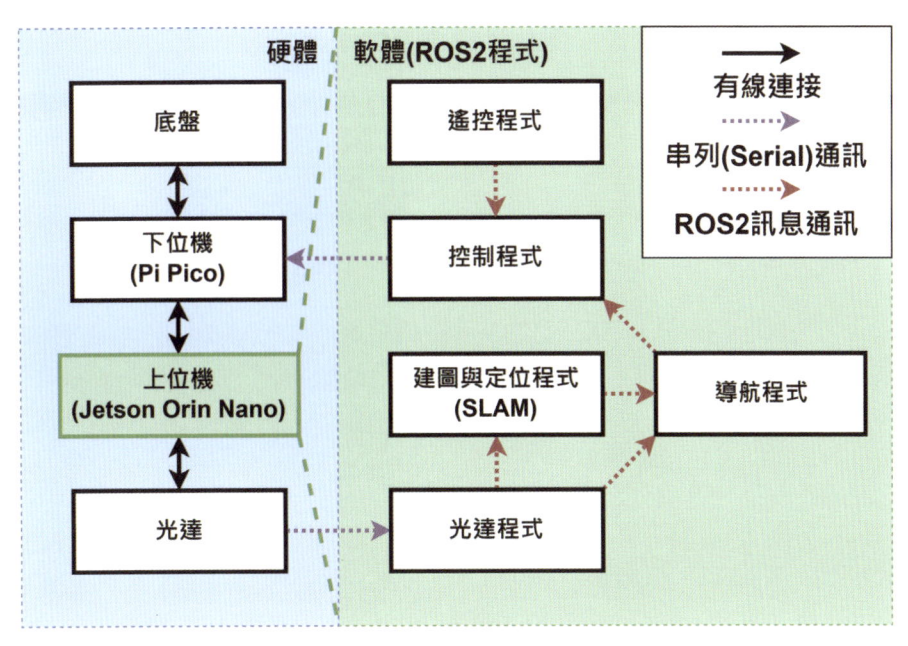

圖 5-6　RK ROS2 機器人軟硬體架構

Section 5.5　ROS2 基本節點

　　ROS 的基本組成單元稱為節點（node），各自可執行特定功能。每個節點是獨立運行的執行單位，類似於分散式系統中的單個程序。節點可透過 ROS 提供的通訊機制與其他節點進行資料交換和協作。

ROS 節點的功能和特點

1. 模組化之單一功能：

    ROS 節點通常設計為執行單一功能或任務。這樣的設計模式使得系統更加模組化，便於管理和擴充。例如，某個節點可以專門負責處理攝影機資料，另一個節點則負責機器人的動作控制，這麼做能讓每個節點相對簡單、可再用且易於測試。

2. **通訊機制**：

    ROS 節點之間可以透過主從式模型的通訊機制進行資料交流，包括以下幾種方式：

    - 主題（topic）：節點可以透過發布（publish）和訂閱（subscribe）主題來交換資料。例如，攝影機節點可以將圖像資料發布到名為 `camera_image` 的主題上，其他節點就能訂閱這個主題來接收圖像資料。

    - 服務（service）：節點之間可以同步請求和回應服務，這類似於主從式架構。某個節點可以向另一個節點發送服務請求，並等待回應。例如，控制節點可對運動節點發送移動指令並接收回應。

    - 動作（action）：ROS 支援動作機制來處理時間跨度較大的任務，它允許客戶端節點發送請求，並持續追蹤進度到取得結果為止。這在機器人導航或移動操作中非常實用。

3. **分散式架構**：

    ROS 節點是分散式的，代表它們可以運行在不同的硬體平台或運算裝置上。這讓機器人系統得以在多台裝置上運行不同的任務，並藉由網路來通訊。例如，某些節點可以運行在 Jetson 單板電腦板上，而其他節點則可以運行在遠端工作站或雲端伺服器上。

4. **容錯性與可重啟性**：

    如果某個節點發生故障或意外退出，通常不會影響其他節點的運行。開發者可以設計節點使其具備自動重啟和恢復的能力，這提升了系統的整體穩定性。

例如，以本書的 RK ROS 機器人來說，就包含了以下的 ROS 節點：

- 運動控制節點：接收來自導航節點或是遙控節點的移動指令，控制機器人的車輪或其他運動模組。
- 光達節點：處理來自光達的距離資料，並將資料發布到 scan 主題上。
- 里程計節點：接收光達的資料，轉換為機器人的里程計資訊，並將資料發布到 odometry 主題上。
- 定位與建圖節點：接收光達與里程計的資料，定位機器人的所在位置與建立機器人周遭的地圖，並將地圖資料發布到 map 主題上。
- 導航節點：接收來自光達與地圖的資料，計算路徑並發送移動指令，控制機器人的移動。

ROS 節點使得機器人系統的設計更加模組化和靈活。每個節點專注於一個具體功能，並透過 ROS 的通訊機制進行協作，這種結構使得 ROS 系統易於擴展、維護並適應不同的應用場景。

接下來針對 RK ROS 機器人平台的移動、地圖與導航等基礎節點進行說明。

5.5.1 導航

Navigation2（後簡稱 Nav2）[8] 是 ROS2 中最主要的導航系統套件，它為各類型的機器人提供感測、規劃、控制、定位、圖形化等功能，也能根據使用需求來自定義各種功能，實現使用者對於機器人自動化的要求。

Nav2 包含了行為樹（Behavior Tree）、規劃器（Planner）、控制器（Controller）三個部分。行為樹負責導航流程，根據目標呼叫對應功能。規劃器利用光達和地圖資料來規劃最短或最佳路徑。控制器則根據規劃好的路徑來引導機器人移動，並包含動態避障的能力。

下圖為 Nav2 的架構，它包含多個伺服器和模組來協調機器人的導航任務：

- **BT NavigatorServer**：利用行為樹（Behavior Tree）來管理機器人的導航流程，根據任務需求呼叫不同的伺服器。

- **PlannerServer**：負責路徑規劃，使用全域地圖（Global Costmap）來計算從起點到目標的最佳路徑。

- **ControllerServer**：根據 PlannerServer 提供的路徑控制機器人的移動，使用區域地圖（Local Costmap）進行動態避障。

- **BehaviorServer**：處理特定行為，例如轉向、靠近目標等。

- **SmootherServer**：平滑導航路徑來確保運動的連續性和穩定性。

- **VelocitySmoother 和 Collision Monitor**：確保機器人運動時的速度平滑和避免碰撞。

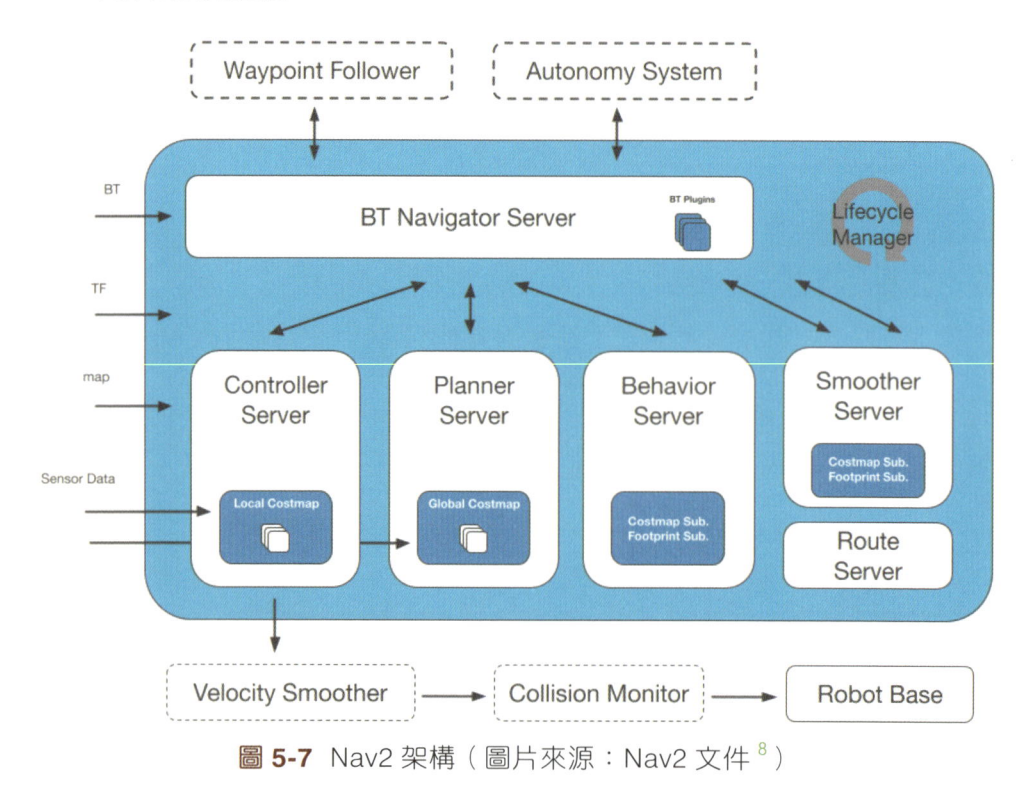

圖 **5-7** Nav2 架構（圖片來源：Nav2 文件[8]）

請在 ROS2 docker 環境中執行以下指令來操作 Nav2 相關功能，執行畫面如下圖：

```
ros2 launch ugv_bringup nav2.launch.py
```

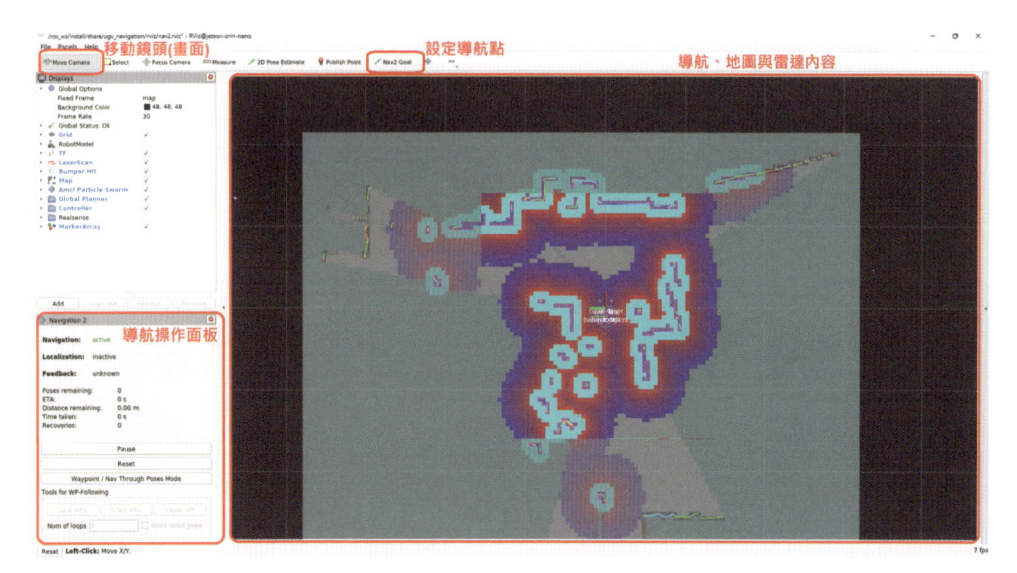

圖 5-8 Nav2 執行畫面

5.5.2 地圖

ROS2 的地圖機制主要是依靠光達掃描結果來生成環境地圖，並可在其中整合多個層次的資料。在上一節曾經介紹過，全域代價地圖用於規劃全域路徑，區域代價地圖則用於局部導航和避障。靜態層代表固定障礙物，障礙層和膨脹層則用於確定安全行進區域，這樣就能讓機器人保持在安全的軌道上進行導航。分項說明如下，也請一併參考圖 5-9：

- **光達掃描點**：光達掃描後回傳的障礙物距離資料，是建立地圖與定位的主要來源。
- **全域代價地圖**：用於規劃路徑，是根據地圖資料和光達掃描的結果產生，導航時顯示的路徑就是參考全域代價地圖後用演算法得到的最佳路徑。

- **區域代價地圖**：用於控制機器人行走，同樣是根據地圖資料和光達掃描的結果產生，導航時移動的方向和速度都會參考區域代價地圖進行修正。
- **靜態層**：由地圖和光達提供資料，代表障礙物本體。
- **障礙層**：由障礙層向外延伸產生，代表會與障礙物碰撞的範圍，當機器人的中心進到這個區域裡面時，就等於撞到障礙物。
- **膨脹層**：由障礙層向外延伸產生，代表現在區域行走的可行性，數值與障礙物的距離成正比，機器人會以這個圖層為參考，在這個區域內行走，並盡量待在道路中央來遠離障礙物。

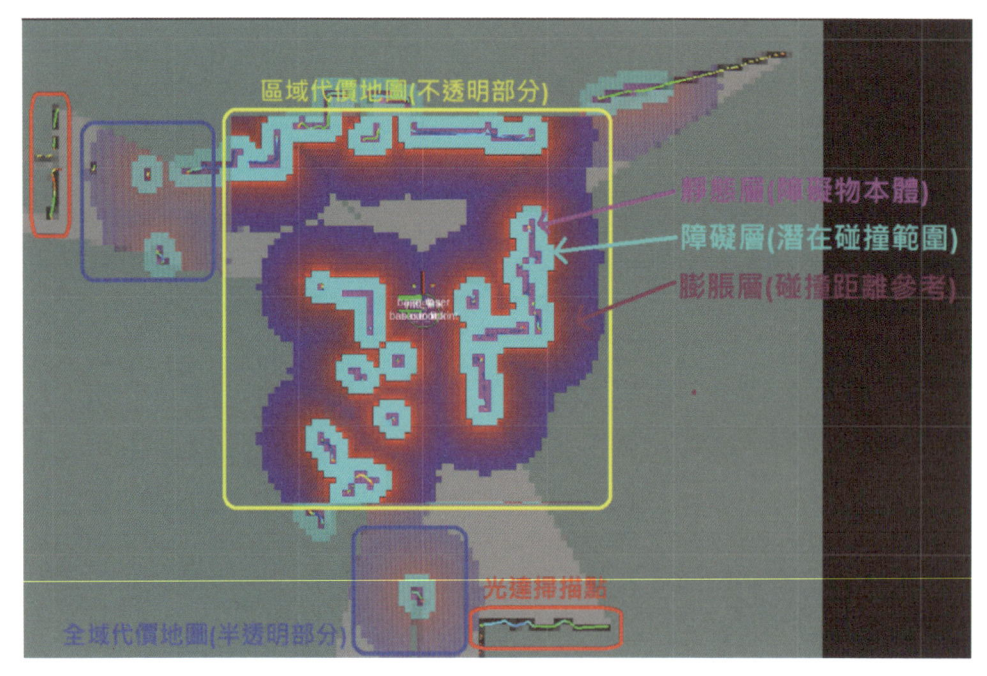

圖 5-9 地圖不同元件介紹

請在 ROS2 docker 環境中執行以下指令來操作地圖相關功能，執行畫面如下圖：

```
ros2 launch ugv_bringup carto.launch.py
```

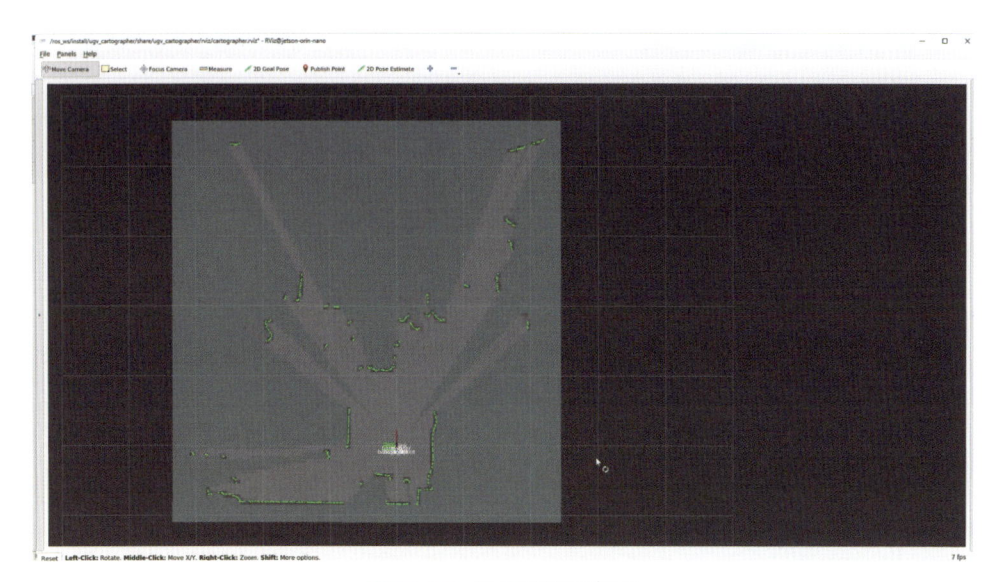

圖 5-10 地圖執行畫面

5.5.3 分段路徑規劃與影像串流

ROS2 的分段路徑規劃會用到導航點外掛套件，機器人能在每個導航點接收訊息，等待使用者按下按鈕或經過設定時間後再前往下一個導航點。即時影像串流則透過 ZED 2i 深度攝影機將影像發送給 ROS2，這樣就能遠端查看機器人的即時畫面並進行必要的影像處理。

請在 ROS2 docker 環境中執行以下指令來操作分段路徑規劃相關功能，執行畫面如下圖：

```
ros2 launch ugv_bringup nav2_button.launch.py
```

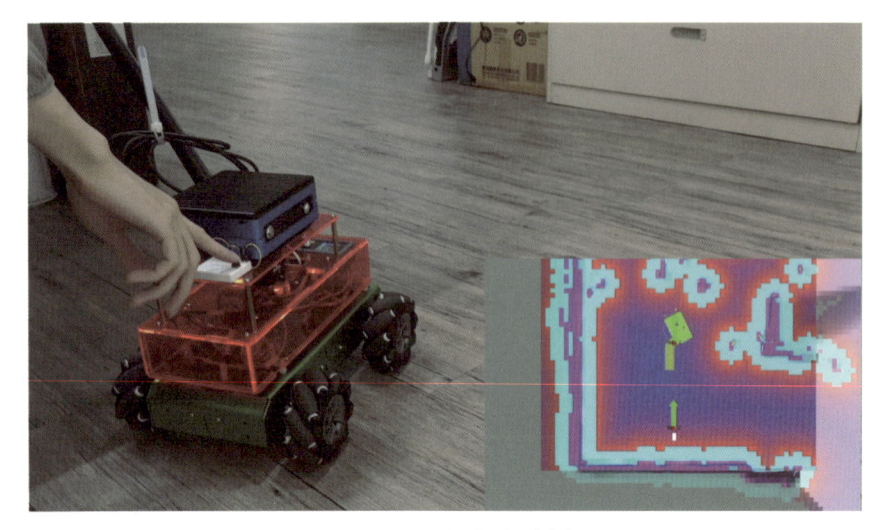

圖 5-11 分段路徑規劃畫面

請在 ROS2 docker 環境中執行以下指令來操作影像串流相關功能，可使用指定攝影機型號，在此使用 `camera_model:=zed2i` 代表使用 ZED2i 景深攝影機，執行畫面如下圖：

```
ros2 launch zed_wrapper zed_camera.launch.py camera_model:=zed2i
```

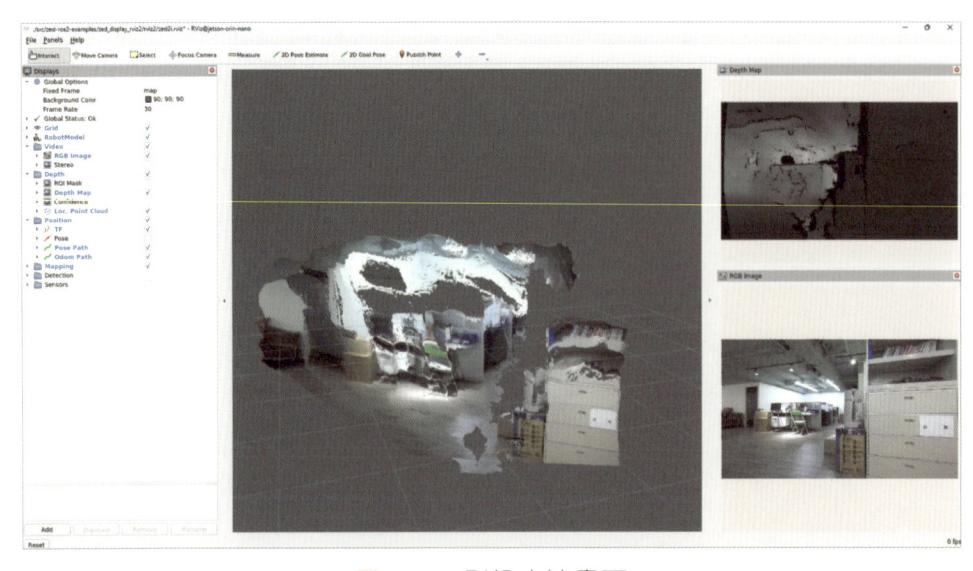

圖 5-12 影像串流畫面

5-18

5.5.4 光達節點

光達（LiDAR，Light Detection and Ranging）是一種利用雷射脈衝來測量外部物體與感測器本體之間距離的技術。運作方式是發射雷射脈衝、記錄脈衝從目標物反射回來的時間差，從而計算出目標物的位置和距離。光達已被廣泛應用於自動駕駛、機器人導航和環境建模，這類技術可生成精確的三維點雲資料好讓裝置得以感知周圍環境。其核心優勢包括高精度、高解析度以及對低光源環境的適應能力。

LiDAR 節點負責從 LiDAR 硬體接收掃描資料，進行處理並發布為 ROS2 訊息，以供其他導航和 SLAM 節點使用。配置中可設定掃描方向、範圍和傳輸速率。LiDAR 也可以用於里程計運算，透過 `rf2o_laser_odometry` 套件來估算機器人的位移與旋轉程度，從而支援導航和定位功能。

請在 ROS2 docker 環境中執行以下指令來操作 LiDAR 相關功能，執行畫面如下圖：

```
ros2 launch ugv_bringup lidar.launch.py
```

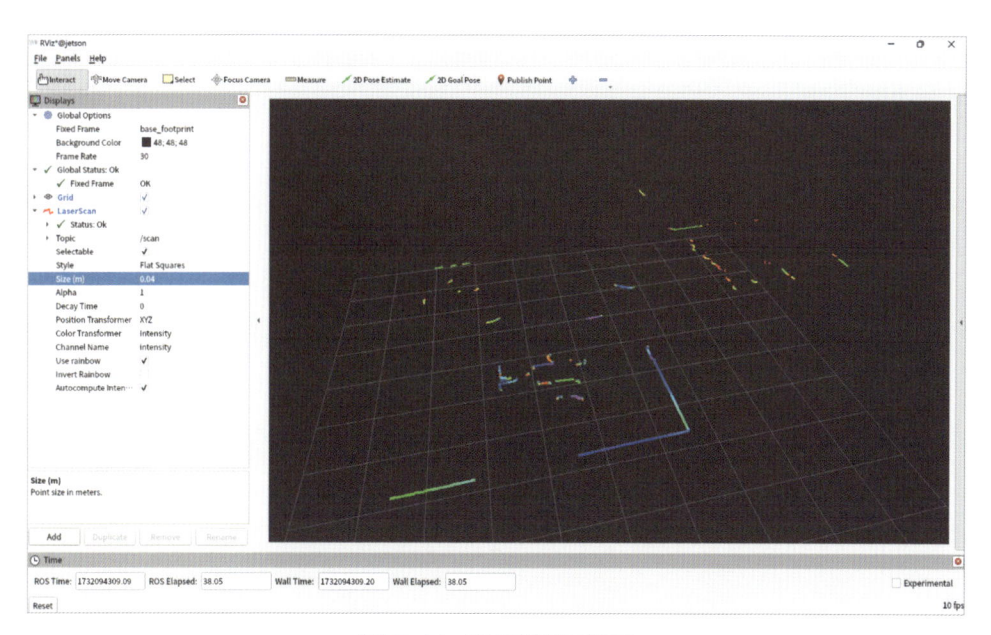

圖 5-13 光達資訊畫面

Section 5.6 AI 節點

Jetson Inference 節點提供了多種 AI 影像推論功能，包括影像辨識、物件偵測和圖像分割等等，我們已在第 3 章完整介紹過 Jetson Inference Python 範例的執行方式，在此只說明執行方式，Jetson Inference 各模組的運作原理請回顧第 3 章。

Jetson Inference 可透過 `ros_deep_learning` 套件處理來自 ZED 攝影機發送的 ROS2 影像訊息，並將推論結果以 ROS2 訊息形式傳送出來，還能在 Rviz 上查看辨識結果。NVIDIA Jetson 團隊進一步將 `imagenet`、`detectnet`、`segnet`、`video_source` 與 `video_output` 以 ROS2 節點方式 [9] 來提供，方便開發者整合相關功能。本節將說明常見的 AI 影像應用，包含影像分類、物件偵測與影像分割。

5.6.1 影像分類 imagenet

請在 ROS2 docker 環境中執行以下指令來操作影像分類相關功能，執行畫面如下圖，可在畫面左上角看到即時分類結果與信心分數：

```
ros2 launch ugv_bringup imagenet.launch.py
```

圖 5-14 影像分類執行畫面

5.6.2 物件偵測 detectnet

請在 ROS2 docker 環境中執行以下指令來操作物件偵測相關功能，執行畫面如下圖，可在畫面中看到偵測物體的邊界框、分類結果與信心分數：

```
ros2 launch ugv_bringup detectnet.launch.py
```

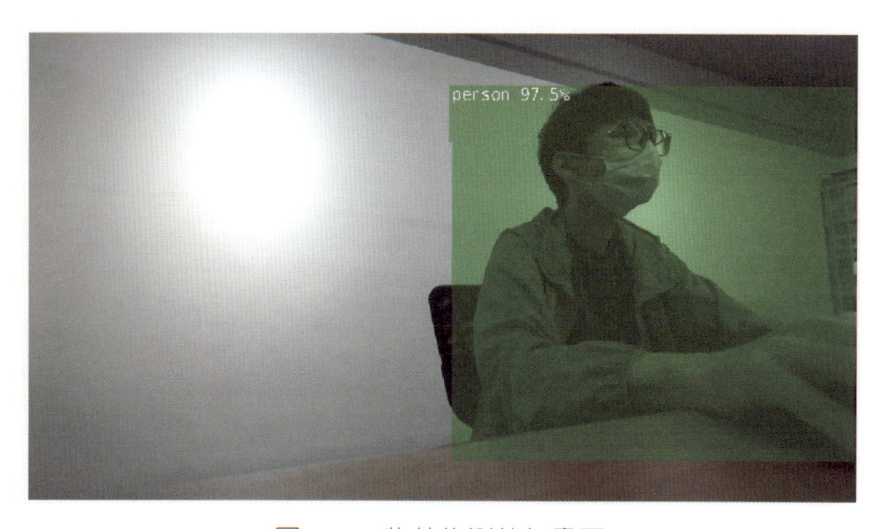

圖 5-15 物件偵測執行畫面

5.6.3 影像分割 segnet

請在 ROS2 docker 環境中執行以下指令來操作物件偵測相關功能,執行畫面如下圖,可看到畫面中不同物體已分割並標註為不同顏色(畫面中的人都不會動,好厲害～):

```
ros2 launch ugv_bringup segnet.launch.py
```

圖 5-16 影像分割執行畫面

Section 5.7 進階應用

5.7.1 距離偵測搭配 ZED2

ZED 節點可取得來自 ZED 2i 景深攝影機的深度影像。透過 ROS2 接收來自 ZED 節點的深度資訊,就能算出影像中心與攝影機之間的實際距離。它還能結合 AI 影像辨識功能,先偵測物體的位置,再透過深度影像來計算物體與攝影機的距離。

請在 ROS2 docker 環境中執行以下指令來操作 ZED 景深攝影機相關功能，執行畫面如下圖，可在畫面中看到物件偵測基本資訊以及距離為 0.72 公尺：

```
ros2 launch ugv_bringup detect_depth.launch.py
```

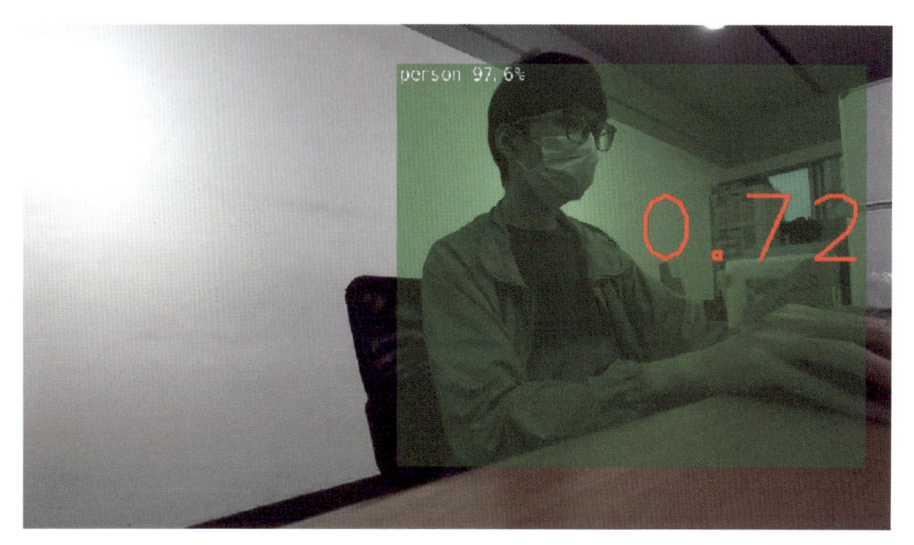

圖 5-17 ZED 節點執行畫面

5.7.2 ArUco 標記辨識與跟隨

ArUco 標記[10] 是一種由黑色邊框與內部代表編號的黑白方格組成的正方形標記，通常會作為攝影機定位時的參考點，透過演算法可以計算出標記的相對距離與方位，廣泛地被運用在需要定位物體位置與姿態的情境。

機器人可運用 ArUco 標記進行辨識與跟隨功能，透過 ZED 2i 景深攝影機來取得 ArUco 標記的位置和姿態以作為機器人移動的參考點。ROS2 中使用 `aruco_ros` 套件進行標記辨識，並將辨識結果作為導航的依據，使機器人能夠跟隨標記移動到指定位置。

請在 ROS2 docker 環境中執行以下指令來操作 ArUco 標記辨識與跟隨相關功能，執行畫面如下圖，可在畫面中看到機器人根據手持 ArUco 標記來判斷相關資訊：

```
ros2 launch ugv_bringup aruco_follower.launch.py
```

圖 5-18 ArUco 標記執行畫面

5.7.3 攝影機標定校正

ROS2 提供了 `camera_calibration` 套件為攝影機進行標定校正，以提高影像的準確性。步驟包括使用棋盤格圖案作為參考進行校正、使用 Docker 容器運行 ROS2 環境、以及在完成校正後將結果保存至 ROS2 的配置資料夾中，以便在攝影機應用中呼叫。這對精確度要求較高的攝影機應用至關重要

請在 ROS2 docker 環境中執行以下指令來操作攝影機標定校正相關功能，執行畫面如下圖，可在畫面中看到機器人根據手持棋盤格圖案來進行校正：

```
ros2 run camera_calibration cameracalibrator \
    -c test_camera \
    --size 8x6 \
    --square 0.025 \
    --ros-args -r image:=/image_raw
```

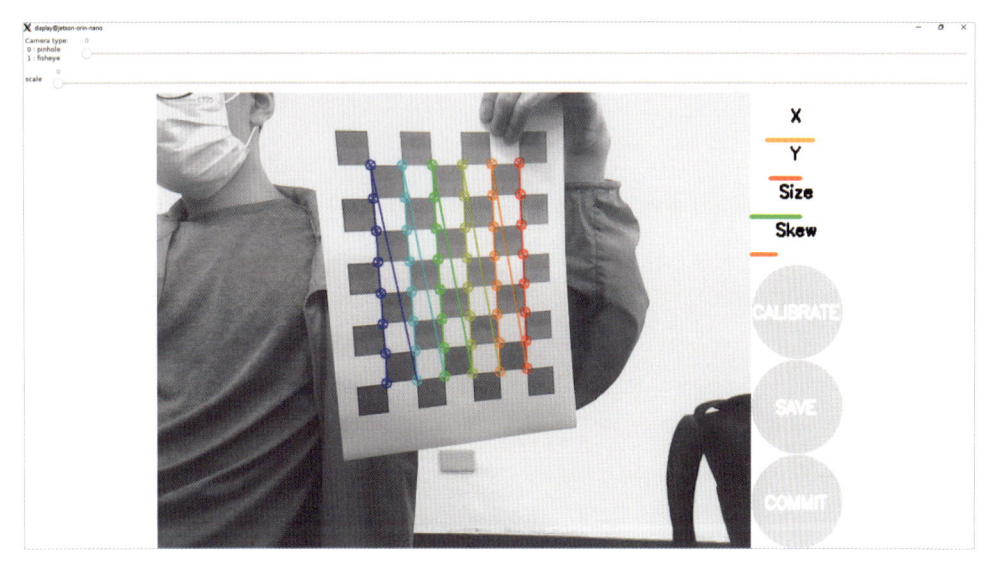

圖 5-19 攝影機標定校正執行畫面

Section 5.8 總結

　　機器人軟硬體的大一統永遠是眾多開發者的夢想。從 ROS 源起到 ROS2 的架構改進，再到 NVIDIA Issac ROS 的加速應用，清楚展示了現代機器人技術的整合方向。

　　本章深入探討了如何利用 ROS2 和 NVIDIA Issac ROS 套件來實現機器人功能的開發與最佳化。本章也詳細說明了安裝與實作流程，涵蓋基礎功能（如導航與建圖）和進階應用（如距離偵測與 AI 推論），希望能讓您更快將各種有趣的功能整合到機器人上。此外，透過 NVIDIA Jetson 平台與 ROS2 的結合，大幅提升了機器人在即時性、效能與穩定性方面的能力。這不僅是一份技術指南，更是一個鼓勵創新與探索的起點，為機器人大冒險提供了堅實的基礎。

　　本章分量相當重，因此無法在書中列出詳細的做法，幸好 ROS2 與 Issac ROS 相關節點的執行方式都有相當程度的一致性，我們也在本書 GitHub 包裝好相關作法，希望能讓您更快上手。

　　　　下一章將介紹生成式 AI 結合邊緣運算裝置的各種實務應用，也是近年來最熱門的技術領域之一，準備好了就翻到下一頁吧！

CHAPTER

06

生成式 AI 結合邊緣運算裝置

　　本章是本書的華麗大結尾,將說明如何把最新最熱門的生成式 AI 放入小小的 NVIDIA Jetson 裝置中,為自動化機器、智慧監控及工業機器人等應用提供更多創新應用。我們將深入介紹生成式 AI 在邊緣運算的使用案例,說明這些裝置如何超越資料分析,還能即時生成新內容或洞察,大幅提升裝置的功能,並在機器人技術、醫療保健與智慧城市等領域創造更多可能性。

　　透過 Jetson AI Lab[1] 所提供的立即可用範例,我們將展示生成式 AI 結合邊緣運算之後的強大潛力與多樣化應用。本章都是根據 Jetson AI Lab 原廠範例來執行。請注意不同範例所需硬體規格也不同,也可能隨著版本更新而變化,請根據 NVIDIA 原廠最新資訊來挑選合適的硬體。

Section 6.1 淺談生成式 AI

生成式 AI 的發展

生成式 AI（Generative AI）是近年來隨著深度學習和大規模語言模型發展而興起的一項技術。從最早的生成式模型例如自動編碼器，一路演進到生成對抗網路（GAN）與擴散模型（diffusion model），使得模型在視覺領域有非常驚人的進展。而近期的大型語言模型（如 GPT 系列）進一步提升了自然語言生成的效果，使得 AI 能夠建立具體且有創意的內容，如文字、圖像、音訊等。生成式 AI 的突破主要得益於更大規模的資料集、更強的運算能力，以及更深層次的神經網路架構。想必您已經操作過 ChatGPT、Microsoft Copilot、Google Gemini 或 Claude.ai 等對話式介面來體驗這類模型的威力，是否就和與真人對話一樣流暢自然呢？

生成式 AI 與判別式 AI 的差別

生成式 AI 和較早期的判別式 AI 在其目的與功能都有相當不同的區別：

- 判別式 AI：主要應用在於區分資料。這類模型可對指定輸入來預測特定標籤，主要應用於分類問題，如圖像分類或語音辨識。例如，判斷圖片中人員是否正確配戴安全帽，或是機器是否發出異音。

- 生成式 AI：目標在生成新資料，做法是從提供的資料中生成類似的內容。例如，GPT-4 能夠生成流暢的文字段落，GAN 或擴散模型則可以產生各種精彩絢麗的圖像。

至於為什麼生成式 AI 需要更大量甚至是跳升好幾級的運算能力？這個問題您可以這樣思考：判別式 AI 是從給定資料中得出一個結果，例如判斷圖像裡的動物是不是貓，所以資料的數量是從多到少。但如果換成生成式 AI，我們會輸出「貓」或是一段與貓有關的文字，希望 AI 能產生符合敘述的圖片，所以資料的方向是由少到多。因此不難想像生成式 AI 需要更大規模的運算能力。

圖 6-1　判別式 AI：資料由多到少 / 生成式 AI：資料由少到多
（感謝阿吉老師愛貓發發再次登場！）

生成式 AI 的應用

　　生成式 AI 的應用範圍非常廣泛，包括但不限於以下幾個領域，您應該已經強烈感受到：生活中的各方面都可能因為生成式 AI 而有質與量的劇烈變化：

- 文字生成：用於撰寫文章、生成對話或創意寫作，如新聞報導、自動生成電子郵件草稿等。

- 圖像生成：應用於藝術創作、遊戲開發中的角色設計，或是生成虛擬場景，如 MidJourney 和 DALL-E 等生成圖像的應用。

- 音樂與音訊生成：產生全新的音樂作品或合成語音，像是 AudioCraft 這類工具可以生成多樣的音頻內容。

- 醫療資料合成：用於生成醫學影像，幫助醫療研究人員模擬新的醫療資料進行診斷和治療分析。

　　這些應用展示了生成式 AI 在現代社會中的多樣化潛力，未來它將在更多領域產生更深遠的影響。詳細說明生成式 AI 的原理已超出本書範圍，也許您可以問問 ChatGPT？

Section 6.2 NVIDIA Jetson Generative AI lab

　　Jetson AI Lab[1]是專門為 NVIDIA Jetson 平台和邊緣運算提供豐富教學資源的網站。該網站涵蓋了豐富的生成式 AI 與邊緣裝置結合的實際案例，並為開發者提供了完整的技術指南和工具，使他們能在 Jetson 平台上實現各種創新應用。其內容範圍包括：

- 教學指南：說明如何使用 Jetson 裝置來運行生成式 AI 模型，並提供許多可執行的範例。

- 技術資源：詳細介紹了如何配置與最佳化 Jetson 系列裝置以滿足各種 AI 和邊緣運算需求。

- 實驗與專案：學習如何建置不同領域的 AI 專案，從智慧監控、機器人控制到醫療影像處理，充分發揮 Jetson 平台的運算能力。

　　當然，不同的模型所需的運算規格也不同，後續在範例段落時都會說明可執行的 Jetson 平台規格，詳細資訊請參考原廠效能比較表[2]。

　　根據原廠頁面，目前給出八大類範例[3]，依序說明如下：

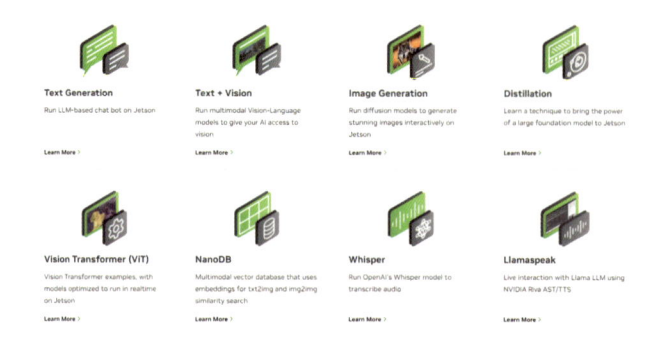

圖 6-2 Jetson AI Lab 目前所提供的範例

1　註解內容請見本書 github（https://github.com/cavedunissin/edgeai_jetson_orin）。以下註解皆是。

生成式 AI 結合邊緣運算裝置

1. **Text Generation**

   示範如何使用 NVIDIA Jetson 平台來進行文字生成。透過搭載的大型語言模型，Jetson 能夠直接在邊緣端實現各種自然語言應用，如自動撰寫文章、生成對話回應等。

2. **Text + Vision**

   說明了文字與視覺結合的應用，使用 LLaVA（Large Language and Vision Assistant）在 Jetson 平台上實現多模態 AI。這類應用能夠同時處理圖像和文字，幫助系統進一步理解和描述周遭環境。

3. **Image Generation**

   說明如何使用 Stable Diffusion 等圖像生成模型來生成美麗又細緻的圖像。Jetson 可直接在邊緣端即時生成圖像，這對於藝術創作、設計及遊戲開發有著重要應用。

4. **Distillation**

   這裡討論了模型蒸餾（Distillation）技術，這是一種針對大型模型的壓縮技術，使其輕量化後得以在 Jetson 這類邊緣運算設備上運行，不但保留模型性能還能降低資源消耗。

5. **Vision Transformer**

   介紹 Vision Transformer（ViT）模型，該模型是一種基於 Transformer 架構的圖像處理技術，可做到更高效的圖像分類和特徵提取，適用於各種電腦視覺任務。

6. **NanoDB**

   NanoDB 是針對 Jetson 開發的輕量資料系統，專為處理邊緣裝置上的資料儲存與管理。本範例介紹了如何在 Jetson 這類資源受限裝置上運用多模態向量資料庫與相似性搜尋技術來實現 RAG（檢索增強生成）功能。

6-5

7. **Whisper**

    Whisper 是一個開放原始碼語音辨識模型，本範例說明如何在 Jetson 裝置上運行該模型進行語音轉文字應用，您會理解語音資料的處理流程並實作精準的語音辨識。

8. **Llamaspeak**

    Llamaspeak 是一套語音生成與處理的工具。本範例說明如何在 Jetson 平台上執行 Llamaspeak 來實作語音生成、語音合成等應用，該技術已在語音助手與各種智慧裝置上有廣泛應用。

    接下來將每一類介紹一個範例，當然要鼓勵您每一個範例都玩玩看，我們就是這樣做的喔！

6.2.1　文字生成

Jetson AI Lab 針對文字生成提供了以下範例[4]，本節將說明第一個範例：**Text-generation-webui**。

- Text-generation-webui
- Ollama
- Llamaspeak
- NanoLLM
- Small LLM(SLM)
- API Examples

系統建置

NVIDIA Jetson AI Lab 多數範例都使用 Docker[5] 來執行，所以各範例的執行方式都相當簡易也有相當的一致性。

安裝指令如下：

```
git clone https://github.com/dusty-nv/jetson-containers
bash jetson-containers/install.sh
```

如果要建置容器，則需要將 Docker 設定 `default-runtime` 改為 `nvidia`，以便 NVCC 編譯器和 GPU 在 docker build 期間是可用的。在嘗試建置容器之前，請在 `/etc/docker/daemon.json` 設定檔中新增 `"default-runtime": "nvidia"` 這一組鍵值對：

```
sudo nano /etc/docker/daemon.json
```

如以下內容：

```
{
    "runtimes": {
        "nvidia": {
            "path": "nvidia-container-runtime",
            "runtimeArgs": []
        }
    },
    "default-runtime": "nvidia"
}
```

修改後的內容如下圖：

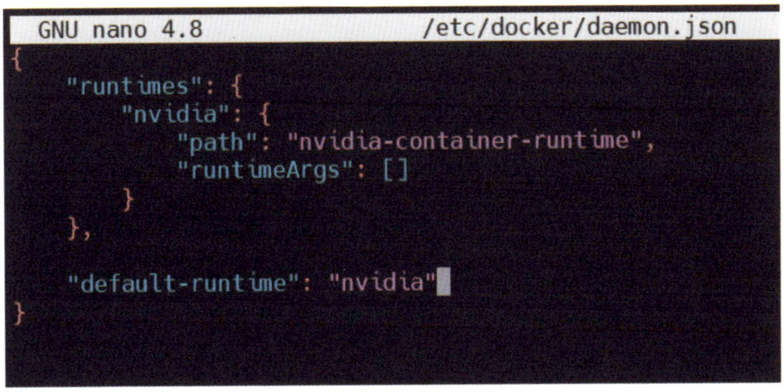

圖 6-3 修改後的 `daemon.json`

然後重新啟動 Docker 服務或重新啟動系統，才能繼續使用：

```
sudo systemctl restart docker
```

請透過以下指令來確認是否正確修改了 docker info：

```
sudo docker info | grep 'Default Runtime'
```

應可看到 `Default Runtime: nvidia` 訊息，如下圖：

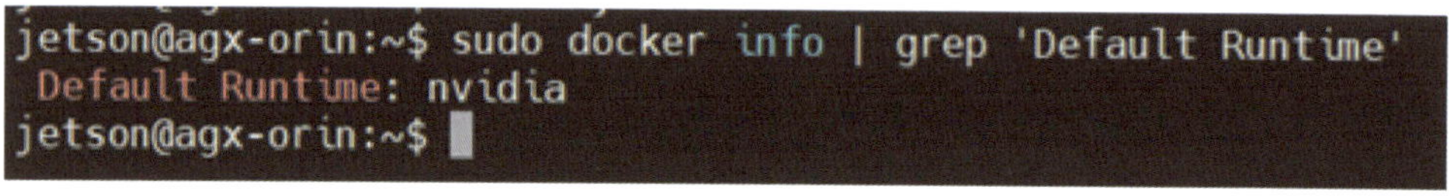

▲ 圖 6-4　確認修改了 docker info

Text generation web UI

本範例將在 Jetson AGX ORIN 上執行 Text generation web UI[4] 範例，Text generation web UI 是一個適用於大型語言模型的 Gradio 網路介面。例如最熱門的 ChatGPT、Gemini 等交談式 AI （或對話機器人）也都是提供網頁介面來讓使用者方便與 LLM 互動。

Jetson AI Lab 針對每個範例都列出了對應規格的硬體，請根據您的實際需求來挑選喜歡的 Jetson 吧！以下為可執行 Text generation web UI 範例的 Jetson 裝置：

所需軟硬體

可執行本範例的 Jetson 裝置：

- Jetson AGX Orin (64 / 32GB)
- Jetson Orin NX (16GB)
- Jetson Orin Nano (8GB) ⚠ (效能較差)

生成式 AI 結合邊緣運算裝置

JetPack 版本：JetPack 5 (L4T r35.x) / JetPack 6 (L4T r36.x)

儲存空間（建議使用 NVMe SSD）：

- 容器映像檔：6.8GB
- 模型所需空間

本範例使用 NVIDIA JETSON AGX ORIN 開發套件（32GB 記憶體）來操作，並且使用 JetPack 5.1.2 來安裝，但經測試 JetPack 6 正式版也可使用。

使用以下指令來啟動 Text generation web UI，第一次使用會先下載相關 docker 檔案。

```
jetson-containers run $(autotag text-generation-webui)
```

```
jetson@agx-orin-jp6:~/jetson-containers$ jetson-containers
run $(autotag text-generation-webui)
Namespace(packages=['text-generation-webui'], prefer=['local', 'registry', 'build'], disable=[''], user='dustynv', output='/tmp/autotag', quiet=False, verbose=False)
-- L4T_VERSION=36.3.0  JETPACK_VERSION=6.0  CUDA_VERSION=12.2
-- Finding compatible container image for ['text-generation-webui']

Found compatible container dustynv/text-generation-webui:r36.2.0 (2024-02-03, 8.3GB) - would you like to pull it? [Y/n] Y
```

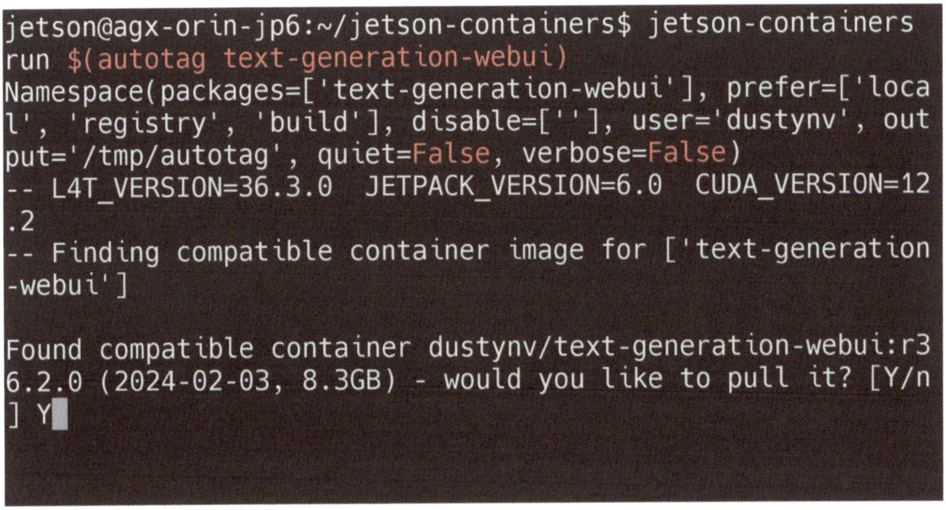

圖 6-5 執行時詢問是否要下載 docker 檔

第一次使用會先下載相關 docker 檔案，請耐心等候。下載完畢很快就會執行起來，如看到以下訊息就可由 http://0.0.0.0:7860 網址進入介面來操作。如果 Jetson 是接實體螢幕的話則可以直接點選該網址。

6-9

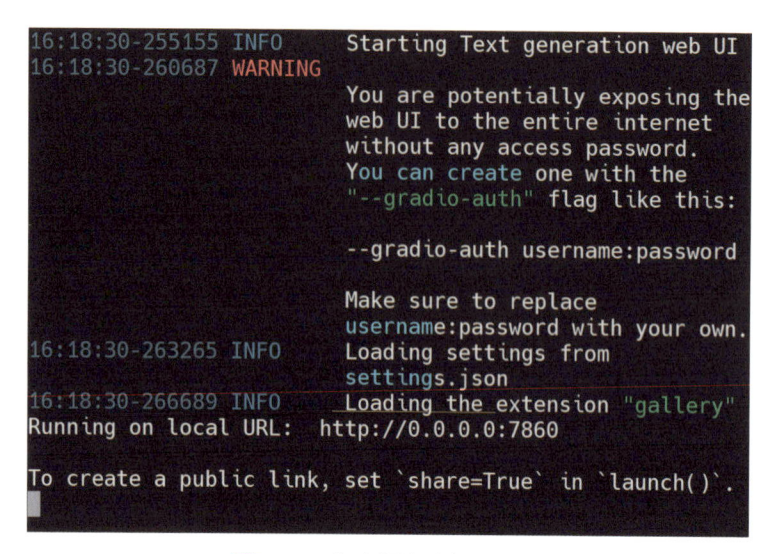

圖 6-6 成功運行並看到 IP

如果是遠端連線的話，則需使用 `http://<IP_ADDRESS>:7860`。順利進入操作介面如下圖。

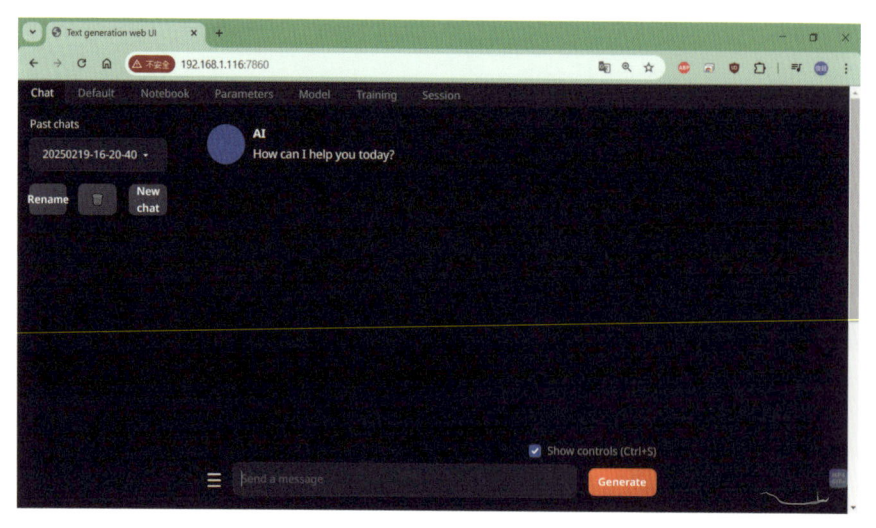

圖 6-7 遠端連入網路介面

如果您直接對模型問問題的話，會出現「找不到模型無法使用（`No model is loaded! Select one in the Model tab.`）」等錯誤訊息。別擔心，那就來下載一個吧！

6-10

圖 6-8 出現找不到模型等相關錯誤

如何下載模型

你可以在已啟動的 GUI 介面中下載所需的模型。請在上方選單選擇 Model，如下圖紅框處。

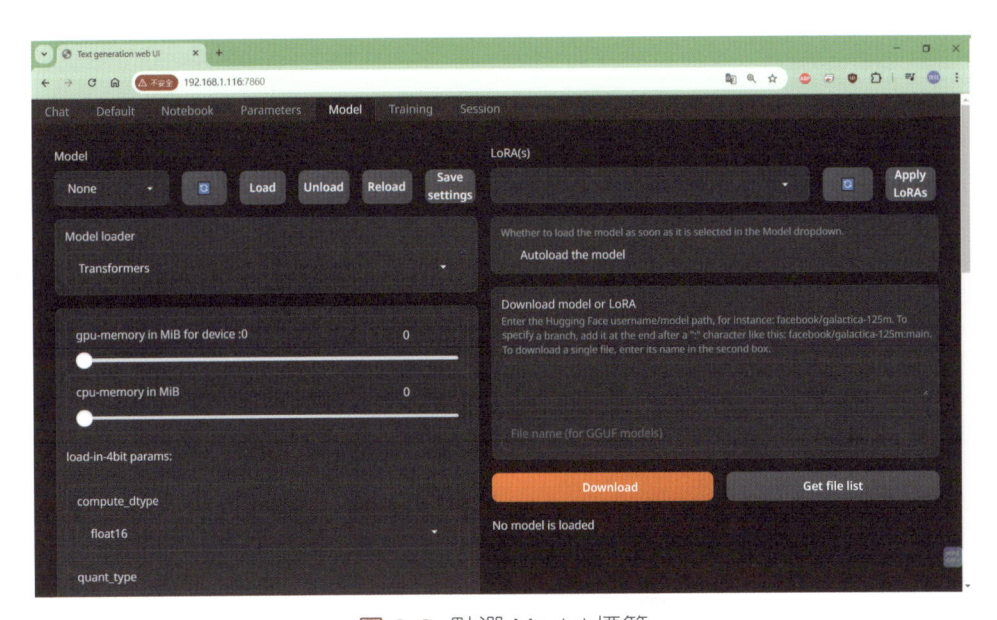

圖 6-9 點選 Model 標籤

6-11

請在上方欄位中找到這個模型名稱：`TheBloke/Llama-2-7b-Chat-GGUF`。接著在下方檔案欄位輸入這個檔案名稱：`llama-2-7b-chat.Q4_K_M.gguf`。這樣就能根據您的硬體規格與對話需求來下載合適的語言模型。

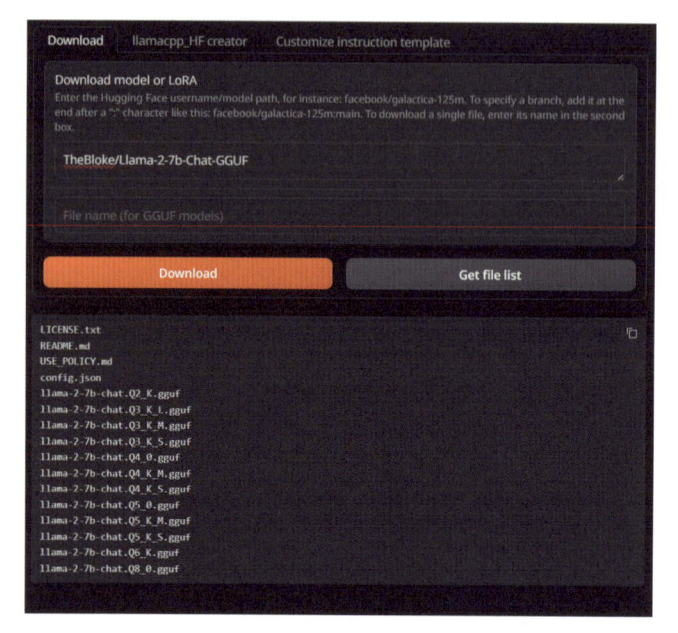

圖 6-10 選擇模型

模型名稱後的數字代表參數量，數字愈大效能愈好，但容量也會愈大！下載成功會出現文字：`Model successfully saved to ...`，如下圖：

圖 6-11 成功下載模型

接著需要重新載入模型，依序點選畫面上方的重新整理與 Load 鍵就能載入模型。

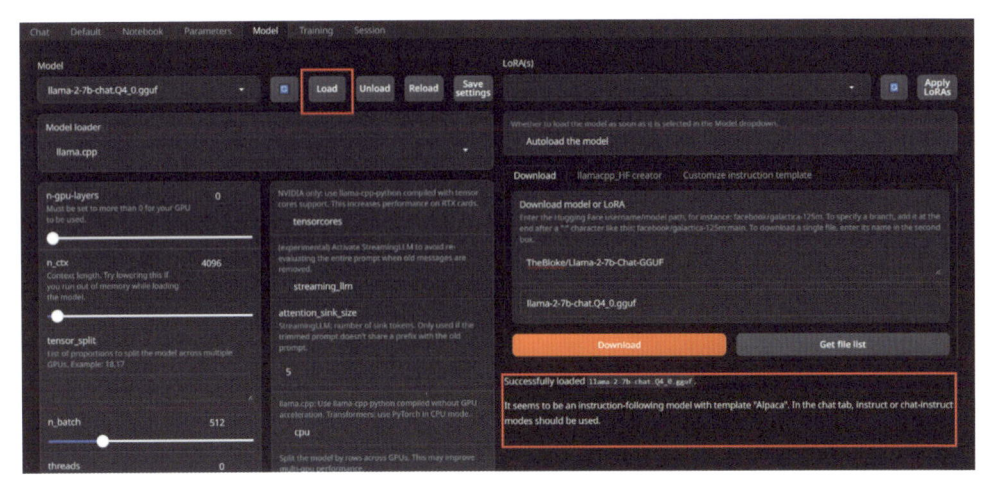

圖 6-12 成功載入模型

這款 `llama-2-7b-chat.Q4_K_M.gguf` 模型可以讀取中文輸入，但只能回答英文。

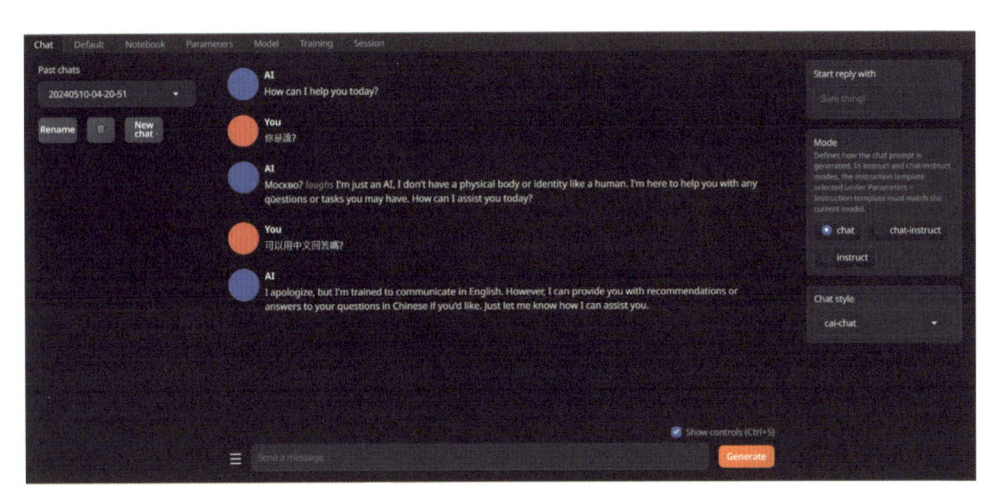

圖 6-13 模型接受中文之後的英文回答

成功了！之後各位可以嘗試著問問看各種問題，看看模型可以回答到什麼程度的，之後會繼續介紹更多 NVIDIA Jetson AI Lab 相關範例與詳細操作說明。

最後，如果您使用 Jetson Orin Nano 或其他 16G 以下記憶體的裝置，請先進行記憶體最佳化 [6]，因為執行 NVIDIA Jetson AI Lab 相關範例的時候需要用到大量記憶體。

6.2.2 文字與影像生成

正如我們人類隨時都運用著所有的感官來與這個世界互動來得到更全面的體驗，模型也正從以往的單模態（single-modality）逐步走向多模態（multi-modality），像是 Jetson AI Lab 的 LLaVA 與 ViT NanoOwl 等教學範例展示了多模態技術的巨大潛力。這些範例說明了如何將文字、圖像等不同形式的資料整合起來，讓 AI 能夠更靈活地處理多種類型的輸入與輸出。LLaVA 範例展示了語言與圖像的有效整合，使模型能對圖像進行語義理解並產生精確的文字描述，應用於醫療影像分析、圖像搜尋及內容生成等領域。而 ViT NanoOwl 則展示了如何使用 Vision Transformer 來處理圖像資料，透過擷取細節和全域特徵再結合自然語言處理能力，使模型能夠更精確地進行分類與偵測等圖像相關應用。這些多模態模型提升了任務的準確性與靈活度，應用範圍廣泛。例如在智慧居家等場景中，多模態技術讓模型能同時接收語音指令並解析環境影像，根據多種感知模式做出決策，進一步強化了 AI 的實用性和智慧化程度。

Jetson AI Lab 針對結合文字與影像的 VLM 提供了以下範例，本節將說明 **Live LLaVa**：

- LLaVa
- Live LLaVa
- NanoVLM
- Llama 3.2 Vision

LLaVA（Large Language and Vision Assistant）是一款熱門的多模態視覺／語言模型，您可以將其部署在 Jetson 上來回答有關圖像提示和查詢的問題。LLaVA 使用 CLIP 視覺編碼器將圖像轉換為共同的嵌入空間。

進一步延伸，Live LlaVA[7] 是一款多模態代理，可在即時攝影機畫面或串流影片上運行視覺 - 語言模型，並持續性地應用同一個提示，例如 `describe the image concisely`（精確描述圖片內容），如此就能要求模型不斷去更新它對於影片內容的描述。

Live LlaVA 使用像 LLaVA 或 VILA 這類模型，並經過 4 位元精度的量化處理。代理執行的是來自 NanoLLM 庫的最佳化多模態管線，其中包括在 TensorRT 中運行 CLIP/SigLIP 視覺編碼器、事件篩選與警報功能，以及多模態檢索增強生成（RAG）等等。

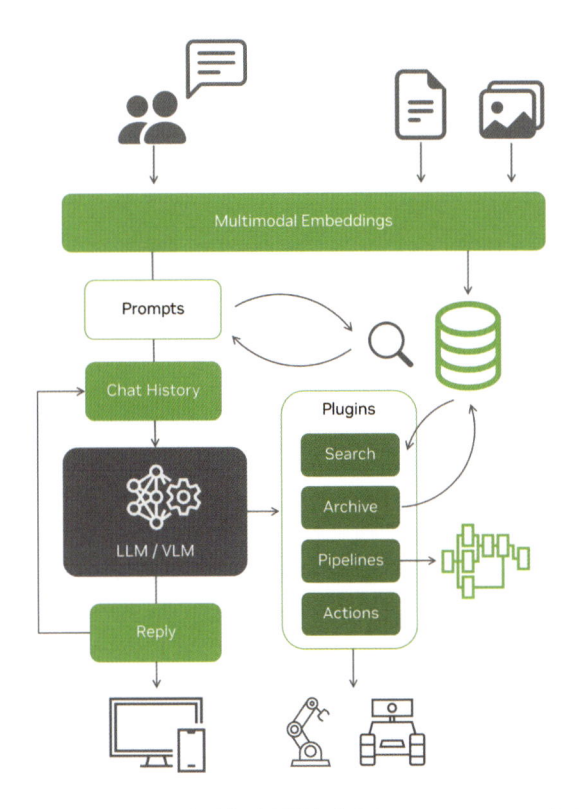

圖 6-14 Live LlaVA 架構（圖片來源：Live LLaVa 頁面[7]）

> **所需軟硬體**
>
> 可執行本範例的 Jetson 裝置：
>
> - Jetson AGX Orin (64 / 32GB)
> - Jetson Orin NX (16GB)
> - Jetson Orin Nano (8GB) ⚠ (效能較差)
>
> JetPack 版本：JetPack 6 (L4T r36.x)
>
> 儲存空間（建議使用 NVMe SSD）：
>
> - 容器映像檔：22 GB
> - 模型所需空間：>10 GB

VideoQuery[8] 代理會使用 VLM 將提示應用於輸入的影片串流。在啟動並連接攝影機之後，請在瀏覽器開啟 `https://<IP_ADDRESS>:8050`（建議使用 Chrome，並停用 `chrome://flags#enable-webrtc-hide-local-ips-with-mdns`）。這個範例使用了 `jetson_utils` 來處理影片的輸入與輸出，也就是擷取接到 Jetson 的 V4L2 USB 網路攝影機（裝置路徑 `/dev/video0`），並輸出為 WebRTC 串流。

```
jetson-containers run $(autotag nano_llm) \
  python3 -m nano_llm.agents.video_query --api=mlc \
    --model Efficient-Large-Model/VILA1.5-3b \
    --max-context-len 256 \
    --max-new-tokens 32 \
    --video-input /dev/video0 \
    --video-output webrtc://@:8554/output
```

處理影片檔或影片串流

上述範例是以攝影機的即時影像來運行的，但也可透過命令列參數 `--video-input` 和 `--video-output` 來修改檔案路徑為影片檔或網路串流來源。本範例支援預錄影片（MP4、MKV、AVI、FLV 檔，並使用 H.264/H.265 編碼），但也可以利用 Jetson 的硬體加速影片編碼 / 解碼器來處理 RTP、RTSP 和 WebRTC 這類即時網路串流，例如以下範例是詢問影片內容中的天氣如何（"What does the weather look like?"）：

```
jetson-containers run \
  -v /path/to/your/videos:/mount
  $(autotag nano_llm) \
    python3 -m nano_llm.agents.video_query --api=mlc \
      --model Efficient-Large-Model/VILA1.5-3b \
      --max-context-len 256 \
      --max-new-tokens 32 \
      --video-input /mount/my_video.mp4 \
      --video-output /mount/output.mp4 \
      --prompt "What does the weather look like?"
```

整合 NanoDB

如果在啟動 VideoQuery 代理時使用 --nanodb 旗標並提供 NanoDB 資料庫的路徑，它就能運用由 VLM 生成的 CLIP 嵌入來對輸入影片進行反向影像搜索，並與資料庫中的內容進行比對。另外還能使用網頁介面來標記輸入影像並將其加入資料庫中，來實現單次辨識任務的需求。

要啟用此模式，請先按照 NanoDB[9] 教學（歸類於 RAG& 向量資料庫分區之下，後續會在 6.2.8 節介紹其中的 Jetson Copilot）下載、索引並測試資料庫。然後使用以下方式啟動 VideoQuery：

```
jetson-containers run $(autotag nano_llm) \
  python3 -m nano_llm.agents.video_query --api=mlc \
    --model Efficient-Large-Model/VILA1.5-3b \
    --max-context-len 256 \
    --max-new-tokens 32 \
    --video-input /dev/video0 \
    --video-output webrtc://@:8554/output \
    --nanodb /data/nanodb/coco/2017
```

Video VILA

VILA-1.5 系列模型能夠理解每次查詢中的多張影像,藉此實現影片搜索/摘要、行為與動作分析、變化偵測以及其他基於時間的視覺功能。以下範例會保留多個幀的滾動歷史:

```
jetson-containers run $(autotag nano_llm) \
  python3 -m nano_llm.vision.video \
    --model Efficient-Large-Model/VILA1.5-3b \
    --max-images 8 \
    --max-new-tokens 48 \
    --video-input /data/my_video.mp4 \
    --video-output /data/my_output.mp4 \
    --prompt 'What changes occurred in the video?'
```

圖 6-15 Video VILA 執行畫面

6.2.3 Vision Transformers

Vision Transformers(ViT)是一種用於電腦視覺任務中的深度學習模型,它將自然語言處理領域中廣泛使用的 Transformer 架構引入到圖像分析中。傳統上,電腦視覺領域主要依賴於卷積神經網路來處理圖像資料。

然而，Vision Transformers 的出現顯示了一種不同的方法，能夠在多項視覺任務上達到媲美甚至超越 CNN 的效能。

Vision Transformers 的優勢：

- 全域理解：與 CNN 主要關注局特徵不同，ViT 透過自注意力機制可以捕捉到全域的依賴關係，這有助於理解圖像的整體結構。
- 靈活性：ViT 可以輕易調整以適應不同大小的圖像和不同的任務，無需改變模型架構。
- 效率：對於大規模的圖像資料集，ViT 由於可以更妥善運用平行處理來得到更好的訓練效率。

Jetson AI Lab 針對 Vision Transformers（ViT）提供了以下範例，本節會介紹 **Efficient ViT** 與 **TAM**：

- Efficient ViT
- NanoSAM
- NanoOWL
- SAM
- TAM

NanoOWL

NanoOWL[10] 是一款針對 NVIDIA Jetson 平台進行效能最佳化的 OWL-ViT 網路，使用者可即時修改樹狀提示來修改影片中的物體偵測效果，速度也很不錯。OWL-ViT 使用 COCO 資料集[11] 來訓練，請由其官方網站來檢視其可辨識的物件清單。

> **所需軟硬體**
>
> 可執行本範例的 Jetson 裝置：
>
> - Jetson AGX Orin (64 / 32GB)
> - Jetson Orin NX (16GB)
> - Jetson Orin Nano (8GB)
>
> JetPack 版本：JetPack 5 (L4T r35.x) / JetPack 6 (L4T r36.x)
>
> 儲存空間（建議使用 NVMe SSD）：
>
> - 容器映像檔：7.2 GB
> - 模型所需空間

請在終端機中輸入以下指令來執行 NanoOWL：

```
jetson-containers run --workdir /opt/nanoowl $(autotag nanoowl)
```

執行樹狀預測（攝影機即時影像）範例

確認攝影機已接好之後，請輸入以下指令：

```
cd examples/tree_demo
python3 tree_demo.py ../../data/owl_image_encoder_patch32.engine
```

執行效果如下，會在 `IP_ADDRESS:7860` 啟動 NanoOWL 服務。使用瀏覽器開啟網址之後，您可直接在輸入欄位中修改要偵測的東西，並使用中括號來指定偵測目標的階層關係，相當有趣。下圖所輸入的偵測內容為 `[a person [a face][a hand]]`，可看到 face 與 hand 隸屬於 person 之下。

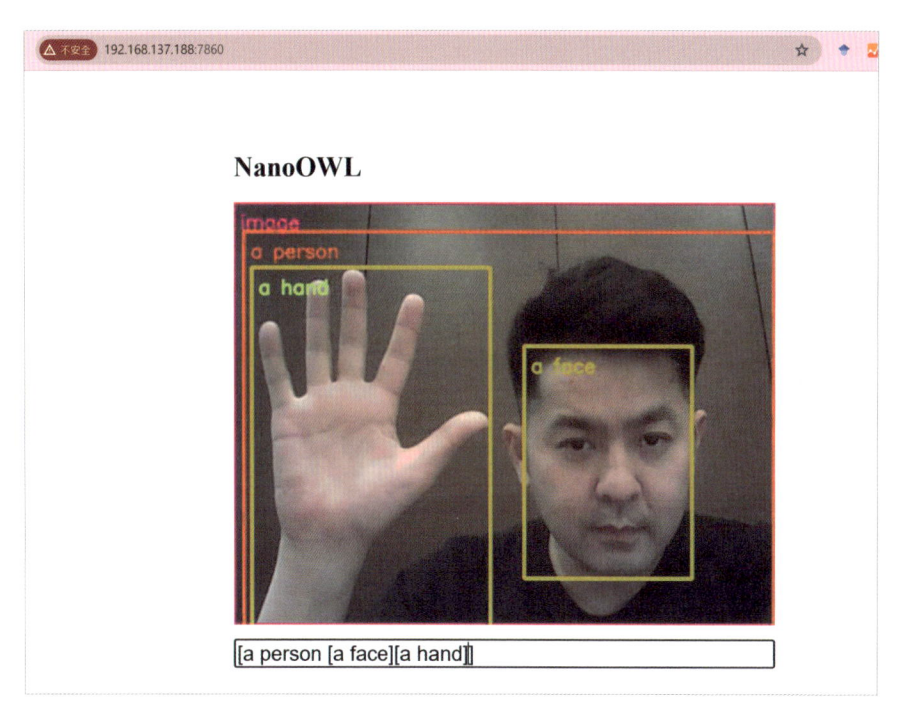

圖 6-16 NanoOWL 執行結果

TAM

TAM（track anything）[12] 是一款基於 Meta SAM[13] 的開放原始碼工具，用於實現高效的物體追蹤任務。這款工具結合了當前最先進的電腦視覺技術，可做到基於影片和圖像的任意物體追蹤。TAM 的主要特色如下：

- **彈性切換**：使用者可即時切換感興趣的物體，無需根據特定物體來預先訓練模型。

- **執行高效**：基於先進的深度學習模型，提供快速且精確的跟蹤結果。

- **簡單易用**：簡化的介面設計，使研究人員和開發者能輕鬆將其整合到現有的工作流中。

- **應用廣泛**：適用於監控分析、自動駕駛、影片編輯等多種場景。

所需軟硬體

可執行本範例的 Jetson 裝置：

- Jetson AGX Orin (64 / 32GB)

JetPack 版本：JetPack 5 (L4T r35.x)

儲存空間（建議使用 NVMe SSD）：

- 容器映像檔：6.8 GB
- 模型所需空間

使用以下指令來啟動 TAM 容器：

```
jetson-containers run $(autotag tam)
```

執行效果如下，會在 IP:12212 啟動 TAM 服務。使用瀏覽器開啟網址之後，即可在 TAM web UI 中上傳影片，並指定追蹤畫面中的特定物體。詳細操作請參考 TAM 教學頁面[14]。

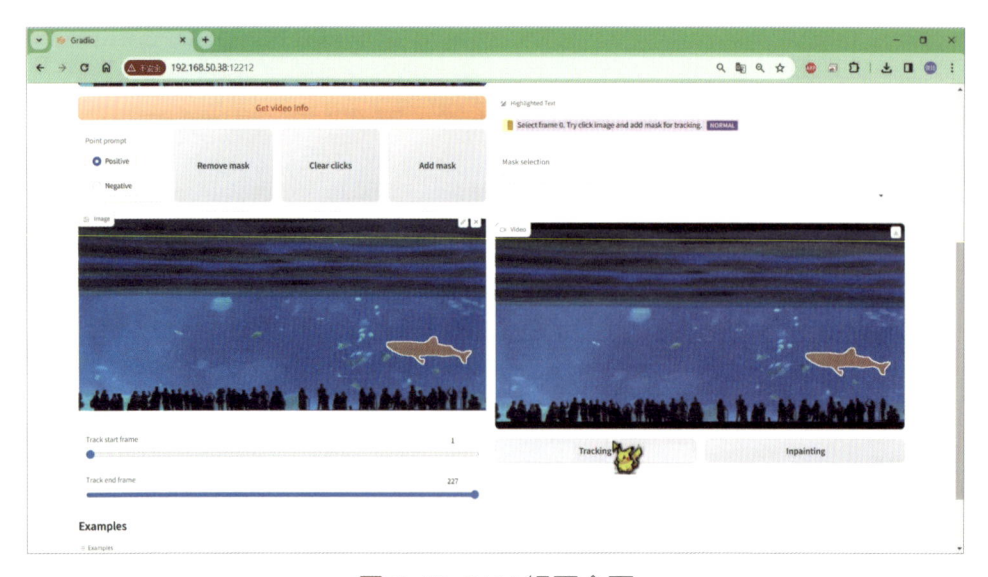

圖 6-17 TAM 網頁介面

6.2.4 機器人與具身

　　Jetson AI Lab 針對機器人與具身（embodiment，也稱體現）提供了以下範例，「embodiment」指的是機器人透過其實體機身與環境互動的能力。這意味著機器人不僅能夠感知和理解周圍環境，還能採取實際行動來影響或改變環境。這種能力使機器人能夠執行如抓取物體、移動自身位置或操作工具等任務，從而在實際應用中發揮作用。

　　其中關於 ROS2 節點已於前一章有很完整的介紹，在此會介紹 LeRobot 這個有趣的模擬介面。

- Cosmos
- LeRobot
- ROS2 節點
- OpenVLA

　　以下會依序介紹如何在 Jetson 平台上執行 Cosmos 與 LeRobot，但 LeRobot 需使用另一款機器手臂平台，鑑於本書篇幅無法介紹太詳細。ROS2 節點請參考第 5 章，OpenVLA 則是另一個開發中的大型框架，本書只能略為提及。

Cosmos 世界模型

　　NVIDIA Cosmos[15] 是一款世界模型開發平台，由多款先進的生成式世界基礎模型（World Foundation Models，WFM）、高階標記化工具、護欄措施與加速資料處理管線所組成，目標是加速物理 AI 系統（如自動駕駛車輛和機器人）的開發。NVIDI 在 CES 2025 大會上推出了 Cosmos，讓開發人員可透過 NIM（NVIDIA Inference Microservice）[16] 上來使用 Cosmos，也隨即支援高階 Jetson 平台，在邊緣裝置上可說是如虎添翼！

　　Cosmos WFM 專為物理 AI 研發工作而生，可從文字、影像、視訊等輸入資料，以及機器人感測器或動作資料的組合，產生符合物理原則的影片。專為符合物理原則的互動、物體持久性，以及生成高品質模擬工業環境（如倉庫或工廠）和各種路況天候的駕駛環境而建立這些模型。

主要特點：

- **生成式世界基礎模型**：提供預訓練模型，協助模擬和理解物理世界。
- **高級標記化工具和保護措施**：確保資料處理的準確性和安全性。
- **加速的資料處理和管理管線**：提升資料處理效率，縮短開發時間。

優勢：

- **快速開發物理 AI 模型**：減少在真實世界中測試和驗證的風險。
- **靈活的模型定制**：滿足不同應用場景的需求。

應用案例：

- **自動駕駛車輛**：模擬各種駕駛情境，提升系統的可靠性。
- **機器人**：加速機器人學習和適應不同環境的能力。

想要體驗的朋友，可在 NIM 平台馬上玩玩看，例如可透過 `cosmos-1.0-diffusion-7b` 模型[16] 來進行文字轉影片，效果非常逼真！在網頁上只能生成 5 秒鐘的影片，且每次生成時間需要 60 秒左右，可想而知所需算力之巨大……如果要生成更好或更長的影片，則需要 API Key 以及更細緻的參數設定。

我使用的提示如下，描述一台停泊在工業碼頭的先進水下載具：

```
The camera rotates steadily around an advanced underwater vehicle
stationed near an industrial style dock, stacks of inventory boxes nearby.
The vehicle is ready to go under water. The loaded platform holds tightly
packed goods while navigation lights glow faintly against the old wooden
floor.
```

執行完畢如下圖，右下角也可以看到改良之後的提示，超級貼心呢！

圖 6-18 於 NIM 平台試玩 Cosmos 模型

本節將根據 Jetson AI Lab 頁面 [17] 來說明如何在 Jetson 上實作 Cosmos，本範例使用 Jetson AGX Orin 64GB 來操作：

所需軟硬體

可執行本範例的 Jetson 裝置：

- Jetson AGX Thor (據說是更高規的 Jetson)
- Jetson AGX Orin (64/32GB)

JetPack 版本：JetPack 6 (L4T r36.x)

儲存空間（建議使用 NVMe SSD）：

- 容器映像檔：12.26GB
- 模型與資料集所需空間：>50GB

啟動 Cosmos 容器

請輸入以下指令來啟動 Cosmos 容器：

```
jetson-containers run $(autotag cosmos)
```

如果要對容器掛載指定目錄，請用 `-v` 或 `--volume` 旗標：

```
jetson-containers run -v /path/on/host:/path/in/container $(autotag cosmos)
```

或使用以下指令，可在容器外部下載所有模型：

```
git clone --recursive https://github.com/NVIDIA/Cosmos.git
cd Cosmos
jetson-containers run -it -v $(pwd):/workspace $(autotag cosmos)
```

執行 Cosmos

請根據以下步驟來執行 Cosmos 模型：

Step 01　產生 Hugging Face 存取權杖

產生一個 Hugging Face 存取權杖，並將權限設定為 **Read**。

```
huggingface-cli login
```

Step 02　下載模型

```
PYTHONPATH=$(pwd) python3 cosmos1/scripts/download_diffusion.py
--model_sizes 7B 14B --model_types Text2World Video2World
```

Step 03　執行

先建立一段範例提示。

```
PROMPT="A sleek, humanoid robot stands in a vast warehouse filled
with neatly stacked cardboard boxes on industrial shelves. \
The robot's metallic body gleams under the bright, even lighting,
```

```
highlighting its futuristic design and intricate joints. \
A glowing blue light emanates from its chest, adding a touch of
advanced technology. The background is dominated by rows of boxes, \
suggesting a highly organized storage system. The floor is lined
with wooden pallets, enhancing the industrial setting. \
The camera remains static, capturing the robot's poised stance
amidst the orderly environment, with a shallow depth of \
field that keeps the focus on the robot while subtly blurring the
background for a cinematic effect."
```

接著執行以下指令，就會使用 Cosmos-1.0-Diffusion-7B-Text2World 模型在 outputs 目錄下產生一個影片檔，影片截圖如圖 6-19：

```
PYTHONPATH=$(pwd) python3 cosmos1/models/diffusion/inference/text2world.py \
    --checkpoint_dir checkpoints \
    --diffusion_transformer_dir Cosmos-1.0-Diffusion-7B-Text2World \
    --prompt "$PROMPT" \
    --video_save_name Cosmos-1.0-Diffusion-7B-Text2World_memory_efficient \
    --offload_tokenizer \
    --offload_diffusion_transformer \
    --offload_text_encoder_model \
    --offload_prompt_upsampler \
    --offload_guardrail_models
```

圖 6-19 Cosmos Text2World 模型執行結果

LeRobot

LeRobot[18] 這款機器人專案運用 NVIDIA Jetson 平台訓練和部署基於 Transformer 的動作擴散策略和 ACT[19]（**Action Chunking with Transformers**）模型。這些模型可從視覺輸入和先前的軌跡中學習來預測特定任務的動作，通常透過遙控操作或在模擬環境中來收集資料。

主要功能：

- **動作擴散策略訓練**：LeRobot 支援在 Jetson 裝置上訓練基於 Transformer 的動作擴散模型，這些模型能從視覺資料中學習來預測機器人動作。
- **ACT 模型**：ACT 模型能夠根據特定任務的需求，從視覺輸入中生成適當的動作序列。
- **即時部署**：透過 LeRobot，訓練好的模型可以直接在 Jetson 設備上部署，實現即時性的機器人控制和操作。

所需軟硬體

可執行本範例的 Jetson 裝置：

- Jetson AGX Orin (64 / 32GB)
- Jetson Orin NX (16GB)
- Jetson Orin Nano (8GB) （效能較差）

JetPack 版本：JetPack 6 GA (L4T r36.3) JetPack 6.1 (L4T r36.4)

儲存空間（建議使用 NVMe SSD）：

- 16.5GB：容器映像檔
- 模型所需空間：2GB 以上

啟動 lerobot 容器

在接好 USB 攝影機之後，請輸入以下指令來啟動 lerobot 容器：

```
cd jetson-containers
./run.sh \
  -v ${PWD}/data/lerobot/:/opt/lerobot/ \
  $(./autotag lerobot)
```

`lerobot` 容器會一併啟動 JupyterLab，請由 `http://localhost:8888/` 或 `http://<IP_ADDRESS>:8888/` 來進入 JupyterLab。其中已有執行相關功能所需的 ipynb 檔。

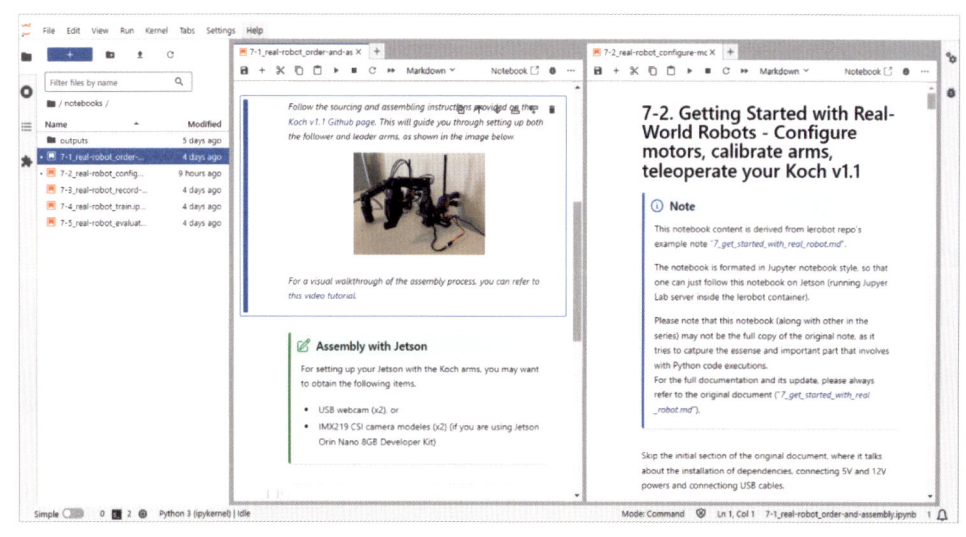

圖 6-20 容器啟動之後進入 JupyterLab

依序跟著 Jupyter Notebook 來完成機器人設定、錄製資料集、訓練策略以及評估。您就能讓機器手臂得以根據視覺與先前軌跡來預測下一步驟所要的動作了。實在是非常令人興奮的突破啊！

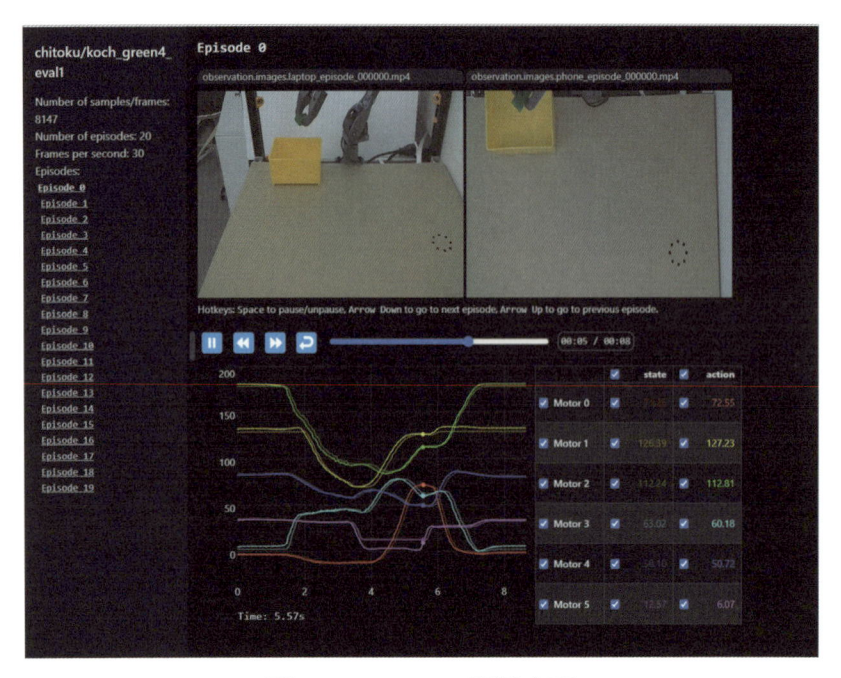

圖 6-21 lerobot 訓練介面

OpenVLA

OpenVLA[20]（Open Vision/Language Action）是一款針對具身機器人的視覺/語言動作模型專案。該專案提供了最佳化的量化和推理方法，並提供了微調工作流程的參考，方便模型更快適應新的機器人、任務和環境。此外，OpenVLA 還在自身模擬環境中進行嚴格的效能和準確性驗證，並使用場景生成和域隨機化（domain randomization）技術。OpenVLA 主要特色如下：

- **量化和推論最佳化**：提供針對 VLA 模型的量化和推論最佳化方法，提升模型在 Jetson 平台上的運行效率。
- **準確性驗證**：對原始 OpenVLA-7B 權重進行準確性驗證，確保模型校能符合預期標準。
- **微調工作流程**：提供參考微調工作流程，並可搭配合成資料以便模型適應不同的應用場景。

- **裝置端訓練**：在 Jetson AGX Orin 上使用 LoRA 進行裝置端訓練，並可在 A100/H100 實例上進行完整微調。

- **模擬環境**：在 MimicGen 提供的模擬環境中可達 85% 的準確率，用於驗證模型在積木堆疊任務中的表現。

- **資料集和測試模型**：提供範例資料和測試模型，方便使用者重現實驗結果。

就架構方面而言，OpenVLA 是一種針對具身機器人和行為學習的視覺/語言動作模型，基於大型語言模型（LLM）和視覺語言模型（VLM）構建。其基礎模型為 Prismatic VLM，結合了 Llama-7B、DINOv2 和 SigLIP。與傳統的圖像描述或視覺問答不同，VLA 模型可由攝影機圖像和自然語言指令中生成動作標記，再將這些標記用於控制機器人。

請參考圖 6-17 的 OpenVLA 系統架構圖中，每個動作標記是從文字標記器的詞彙中保留的離散標記 ID，映射到連續值，並根據每個機器人的運動範圍進行標準化。相較於 JSON 或 Pydantic 格式等數值資料，這些實數標記的效率更高效且準確，因為每個數字、十進制點、分隔子和空白都需要額外的標記來生成。其他混合視覺/語言模型（例如 Florence-2[21]）也採用了類似的方法，使用 Transformer 進行連續域預測。

模型生成的每個動作標記代表輸出坐標空間的一個自由度（如 xyz、旋轉姿態），或機器人可控制的元件（如夾爪）。OpenVLA-7B 是根據 Open X-Embodiment[22] 資料集進行訓練，具有 7 個自由度的動作空間，包括：

- Δx：三軸的位置變化
- Δθ：三軸的角度變化。
- ΔGrip：抓取的力度調整。

位置和旋轉是對末端執行器（EEF）姿態的相對變化，使用外部逆運動學解決方案（例如 **cuMotion**[23]）解決特定機器人手臂的關節限制。夾爪

6-31

維度則是 0（打開）到 1（關閉）之間的絕對控制，不需要進一步的縮放或歸一化。

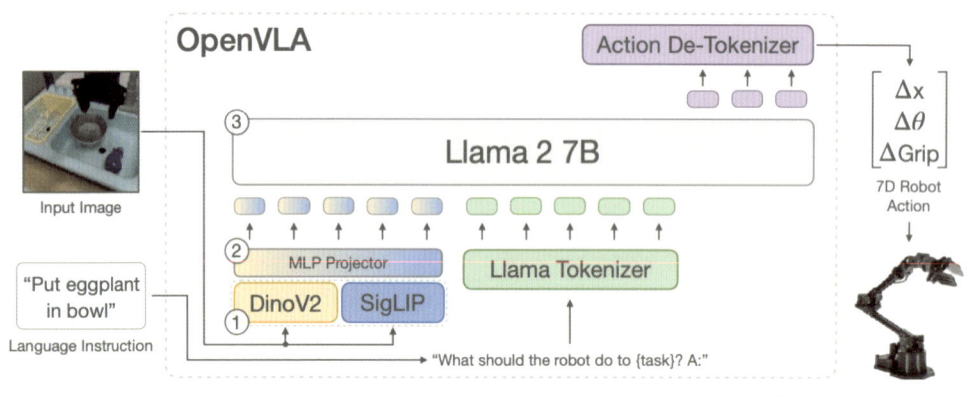

圖 6-22 OpenVLA 系統架構（圖片來源：OpenVLA[20]）

> **所需軟硬體**
>
> 可執行本範例的 Jetson 裝置：
>
> - Jetson AGX Orin (64 / 32GB)
> - Jetson Orin NX (16GB)
>
> JetPack 版本：JetPack 6 (L4T r36.4)
>
> 儲存空間（建議使用 NVMe SSD）：
>
> - GB：容器映像檔：22 GB
> - 模型所需空間：> 15GB

　　啟動 OpenVLA 容器時，首先會下載資料集和模型（如有需要）並在首次運行時進行量化。以下指令還會使用正規化均方誤差（NRMSE）來測量動作值與資料集之間的準確性，這有助於消除動作空間每個維度可能產生的不同範圍的偏差。Jetson AI Lab 在 HuggingFace Hub 上提取了原始資料集的 100 回合子集，因此不需要下載整個約 400GB 的資料集。

生成式 AI 結合邊緣運算裝置 **6**

為了衡量模型在完成任務時的實際執行情況，我們在 Agent Studio（後續在本章 6.2.8 節會詳細介紹）中啟動了一個連接到 VLA 模型的 MimicGen 環境。它透過檢查發出的獎勵來計算成功的回合數量。請用以下指令來執行 INT4 推論與模擬：

```
jetson-containers run $(autotag nano_llm) \
    python3 -m nano_llm.studio --load OpenVLA-MimicGen-INT4
```

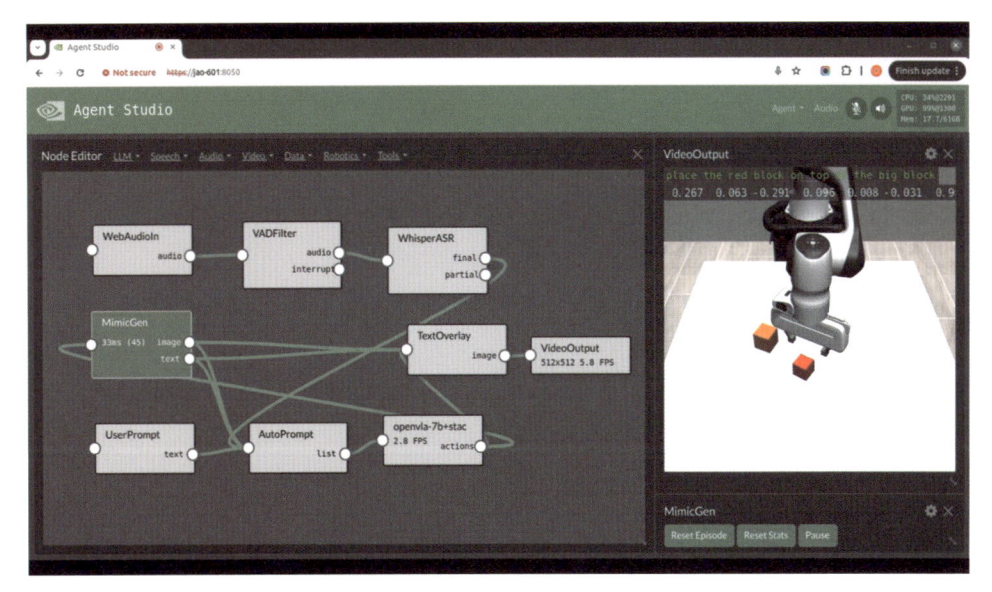

圖 6-23 OpenVLA 執行畫面

6.2.5 圖片生成

圖片生成近年來已是相當成熟的應用，任何人使用 Bing Image Creator[24] 或是 Adobe Firefly[25]、MidJourney[26]（太多了數不完）等網頁版生圖引擎，所生成的圖片效果也絕對令人驚豔。但如果您想要更加掌握更多細節，可以考慮在自己的電腦端安裝 Stable Diffusion[27] 這類開放原始碼的生圖模型，不過後者對於電腦的規格要求會更高，否則生成圖片的時間會變得相當久。

當然，在邊緣裝置端生成圖片還有更多有趣的應用，說明如下表：

表6-1 於邊緣裝置執行圖片生成的可能應用情境

個性化內容生成
<ul><li>應用場景：智慧零售櫥窗或互動廣告機<ul><li>根據用戶的特徵（如臉部表情、穿著風格），即時生成定制化的海報或廣告。</li><li>例如，於商店螢幕生成符合顧客偏好的時尚搭配建議。</li></ul></li><li>技術實現：<ul><li>使用生成模型（如 Stable Diffusion）結合邊緣裝置（如 NVIDIA Jetson）進行即時推論。</li><li>結合物件偵測模型來辨識使用者特徵。</li></ul></li></ul>
智能監控與模擬
<ul><li>應用場景：智慧城市的安全與監控系統<ul><li>根據現場資料生成場景模擬或預測，例如生成即將發生堵塞的模擬畫面。</li><li>用於事件回放，根據既有的少量資料來生成完整的事件場景畫面。</li></ul></li><li>技術實現：<ul><li>使用生成模型填補監控畫面中可能的盲區。</li><li>分析生成畫面來提升監控範圍的廣度和細節。</li></ul></li></ul>
虛擬 / 擴增實境（AR/VR）
<ul><li>應用場景：沉浸式遊戲或訓練模擬<ul><li>即時生成遊戲中的場景或角色設計，提升使用者體驗。</li><li>產生更生動的教學訓練模擬畫面，如生成虛擬病人供醫療訓練使用。</li></ul></li><li>技術實現：<ul><li>邊緣裝置生成圖片並呈現在使用者所配戴之 AR 眼鏡或 VR 頭盔中。</li><li>低延遲的圖片生成可達到更即時的互動效果。</li></ul></li></ul>

工業場景中的缺陷模擬與診斷

- 應用場景：產品檢測與品質控制
  - 根據產品的檢測資料來即時生成可能的缺陷圖片，幫助工程師快速了解問題類型。
  - 模擬罕見的瑕疵或損傷圖片，提升 AI 檢測系統的訓練效果。
- 技術實現：
  - 使用圖片生成模型（GAN/diffusion）來生成逼真的瑕疵圖像。
  - 邊緣裝置直接執行生成任務，無需將資料傳回雲端，藉此提升資料安全性與隱私保護。

即時藝術創作

- 應用場景：藝術裝置或現場表演
  - 根據現場觀眾的情緒或聲音來生成藝術畫作。
  - 在公共空間或展覽中即時生成符合特定主題的視覺藝術。
- 技術實現：
  - 將聲音輸入轉化為情緒特徵，然後用生成模型創作藝術風格的圖片。
  - 邊緣運算提升互動性，減少生成延遲。

個人健康和情緒追蹤

- 應用場景：心理健康追蹤或健身指導
  - 根據使用者的生理參數（如心率、壓力指數）生成反映當前情緒或健康狀態的圖片。
  - 幫助使用者找出壓力來源或提供視覺化的健康建議。
- 技術實現：
  - 邊緣裝置整合生理感測器，將資料轉化為圖表等視覺化呈現。
  - 生成圖片可作為與醫療專家的溝通工具。

Jetson AI Lab 針對圖片生成提供了以下範例：

- Flux&ComfyUI
- Stable Diffusion
- Stable Diffusion XL
- nerfstudio

接下來使用 Stable Diffusion 來說明，在 Jetson 平台上執行 AUTOMATIC1111 的 stable-diffusion-webui[28]，您可隨意測試各種提示來生成喜歡的圖片！

所需軟硬體

可執行本範例的 Jetson 裝置：

- Jetson AGX Orin (64 / 32GB)
- Jetson Orin NX (16GB)
- Jetson Orin Nano (8GB)

JetPack 版本：JetPack 5 (L4T r35.x) / JetPack 6 (L4T r36.x)

儲存空間（建議使用 NVMe SSD）：

- 容器映像檔：6.8GB
- 模型所需空間：4.1GB（SD 1.5）

請執行以下指令來啟動 `stable-diffusion-webui`：

```
jetson-containers run $(autotag stable-diffusion-webui)
```

首次執行時會先下載生圖模型的檢查點檔案，完成之後請由瀏覽器進入圖片生成介面：`http://<IP_ADDRESS>:7860`

請點選 **txt2img** 標籤，輸入用來生圖的提示（只能使用英文），點選右側的 **Generate** 就會開始生圖，**Sampling steps** 這個參數越高會有越好的生圖品質但也會耗用更多時間，請自行拿捏。詳細介面操作請參考 stable-diffusion-webui[28] 文件說明。

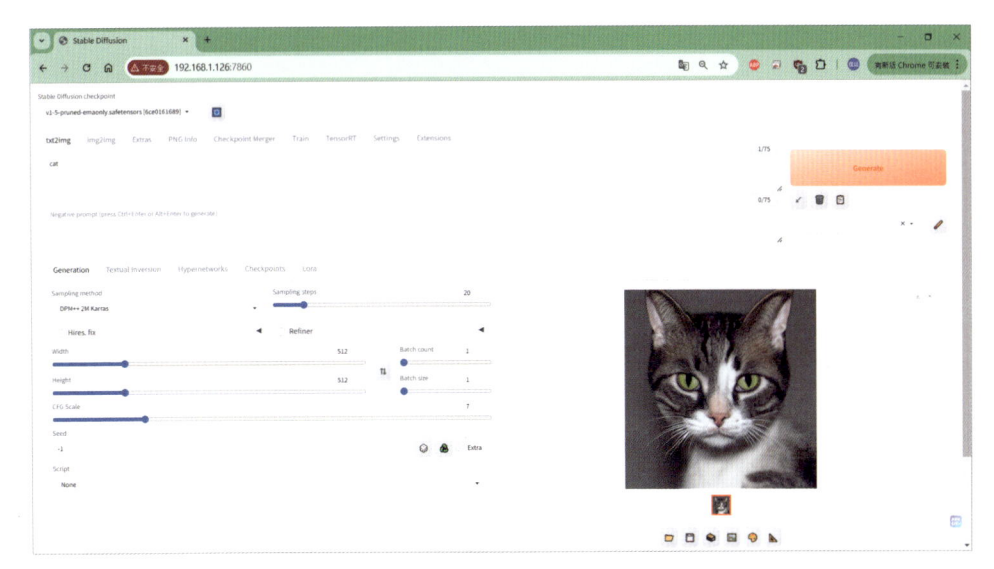

圖 6-24　stable-diffusion-webui 執行畫面

6.2.6　RAG & 向量資料庫 - Jetson Copilot

邊緣裝置的算力達到一定程度之後，當然也可以把所需查找的文件存於本機。一方面可以降低對於網路的依賴程度，另一方面有參考文件也可以提升模型回答的可靠性。

在邊緣裝置端所執行的生成式 AI，搭配 RAG（檢索增強生成）之後有以下潛在應用：

表6-2 於邊緣裝置執行RAG技術的可能應用情境

智慧製造與工業維護

- 應用場景：
  - ◆ 工廠維修助手：在邊緣裝置上執行 RAG 技術來檢索儲存於裝置上的維修手冊和歷史維修紀錄，並生成具體的維修步驟供工程師參考。
  - ◆ 故障診斷：結合感測器資料來檢索相關案例或故障原因，並生成具體的診斷報告或解決方案。
- 技術實現：
  - ◆ RAG 模型結合邊緣端資料檢索（如物聯網感測器）和維修知識庫生成對應建議，減少查找手冊的時間。

智慧零售與客服系統

- 應用場景：
  - ◆ 自助查詢終端：根據使用者輸入來檢索產品資訊、使用指南，並以自然流暢的對答來與顧客互動。
  - ◆ 即時促銷建議：檢索當前庫存狀態和顧客偏好，生成適合顧客需求的推薦產品或優惠。
- 技術實現：
  - ◆ 在邊緣裝置上處理本地端資料，結合零售商品的資料庫來生成即時的產品建議或答覆，提升使用者體驗。

智慧交通與導航

- 應用場景：
  - ◆ 動態交通導航：檢索即時交通狀態和歷史資料，生成基於用戶需求的最佳路徑建議。
  - ◆ 公共交通助手：回答使用者關於車站、時刻表或票價的問題，並結合即時資料生成行程建議。

- 技術實現：
  - 在邊緣裝置端直接檢索本地交通資料或地圖資訊來生成準確的路徑指導，減少對雲端的依賴。

智慧醫療與健康管理

- 應用場景：
  - 健康資料分析：檢索使用者健康資料（如血壓、心率）及相關醫學資料，生成健康分析建議或提醒。
  - 病人輔助診療：為醫生提供檢索患者病歷及醫學文獻，生成診療建議。

- 技術實現：
  - 本地端檢索電子病歷（EHR）和醫療資料，結合生成模型提供個性化的健康建議，同時保障個人資料隱私。

智能家居助理

- 應用場景：
  - 智慧管家：檢索家電裝置的狀態與使用者操作偏好，生成操作建議或場景模式。

- 技術實現：
  - 結合本地端資料（例如裝置資料、使用者偏好）來提供即時且準確的智慧家居建議。

自動化農業與環境監測

- 應用場景：
  - 作物管理：根據感測器資料檢索歷史資訊來生成最佳施肥或灌溉建議。
  - 環境保護：檢索即時環境資料來生成污染控制建議。

- 技術實現：
  - 邊緣裝置於本地端檢索氣象或土壤資料來生成管理建議。

Jetson AI Lab 針對 RAG & 向量資料庫提供了以下範例：

- NanoDB
- LlamaIndex
- Jetson Copilot

接下來以 Jetson Copliot[29] 來說明，這款對話機器人的功能如下：

- 直接在裝置端執行開放原始碼 LLM
- 運用 RAG 技術讓 LLM 可存取儲存於裝置的知識

所需軟硬體

可執行本範例的 Jetson 裝置：

- Jetson AGX Orin (64 / 32GB)
- Jetson Orin Nano 8GB

JetPack 版本：JetPack 5 (L4T r35.x) / JetPack 6 (L4T r36.x)

儲存空間（建議使用 NVMe SSD）：

- 容器映像檔：6 GB
- 模型所需空間：約 4 GB(`llama3` 與 `mxbai-embed-large`)

設定與啟動 Jetson Copilot

首次設定 Jetson Copilot 時，請先執行 `setup.sh` 來確認是否安裝了所有必要軟體與環境設定項目：

```
git clone https://github.com/NVIDIA-AI-IOT/jetson-copilot/
cd jetson-copilot
./setup_environment.sh
```

接著在終端機中輸入以下指令來啟動 Jetson Copilot：

```
cd jetson-copilot
./launch_jetson_copilot.sh
```

這會啟動一個 Docker 容器並在其中啟動 Ollama 伺服器和 Streamlit 小程式。接著會看到 URL 以便您進入托管在 Jetson 上的網頁應用：

- 本地端 URL：`http://localhost:8501`
- 外部連入 URL：`http://<IP>:8501`

首次進入網頁介面時，它會下載預設的 LLM（`llama3`）和嵌入模型（`mxbai-embed-large`）。

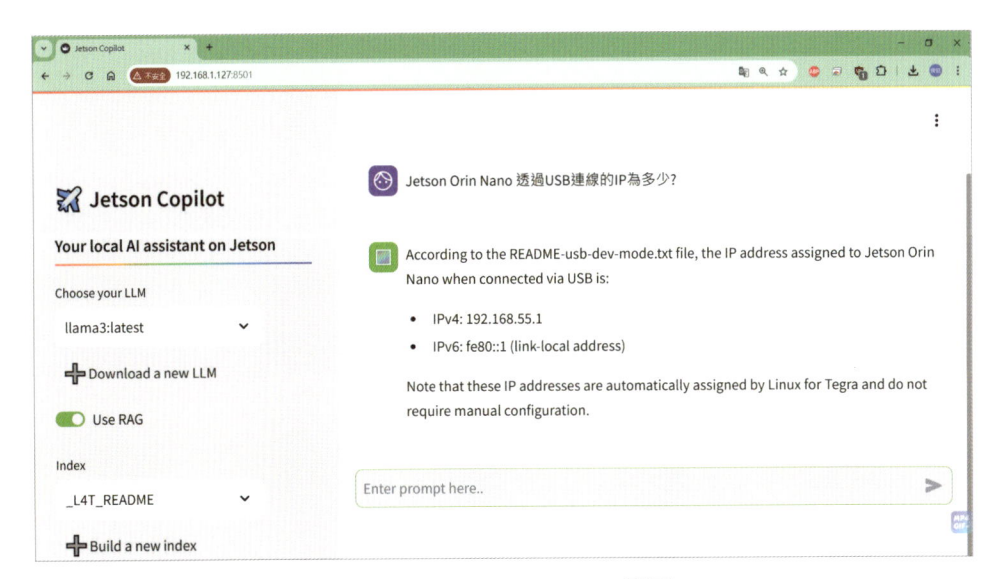

圖 6-25 Jetson Copilot 畫面

如何使用 Jetson Copilot

根據 Jetson AI Lab 文件[29]，您可對 Jetson Copilot 進行以下操作：

0. **Interact with the plain Llama3 (8b)**

    您可直接使用 Jetson Copilot 來與 LLM 互動，而不啟用 RAG 功能。預設情況下，首次運行時會下載 Llama3(8b) 模型並將其作為預設的 LLM。

    對話過程中，您會驚訝於 Llama3 這類模型的威力，但也很快會發現其限制，因為它不具備特定日期之後的資訊也無法了解您的特定主題。

1. **使用預建置索引來詢問相關問題**

    在側邊面板上，您可在網頁側欄點擊 **Use RAG** 選項來啟用 RAG 管線。這會讓 LLM 得以存取位於 **Index** 下的定義知識或索引。

    作為範例，有一個名為 `_L4T_README` 的預建置索引。這檔案的實際路徑為 `/media/<USER_NAME>/L4T_README`。

    您可詢問以下問題，這個答案可在 L4T-README 檔案中找到，應為 `192.168.55.1`。

    ```
    What IP address does Jetson gets assigned when connected to a PC via a USB cable in USB Device Mode?
    ```

2. **根據所需文件來建置索引**

    您可根據本機端與/或線上文件來自行建置所需的索引。首先，在 `Documents` 目錄下新增一個目錄來存放所需文件，如以下指令：

    ```
    cd jetson-copilot
    mkdir Documents/Jetson-Orin-Nano
    cd Documents/Jetson-Orin-Nano
    wget https://developer.nvidia.com/downloads/assets/embedded/secure/jetson/orin_nano/docs/jetson_orin_nano_devkit_carrier_board_specification_sp.pdf
    ```

接著在網頁側欄，確認 **Use RAG** 選項已啟用，再點選 **+Build a new index** 來進入 **Build Index** 頁面。

對所要建置的索引命名，例如下圖中的 `Jetson Orin Nano`。輸入完成之後按下 Enter 鍵，會看到以下路徑訊息。

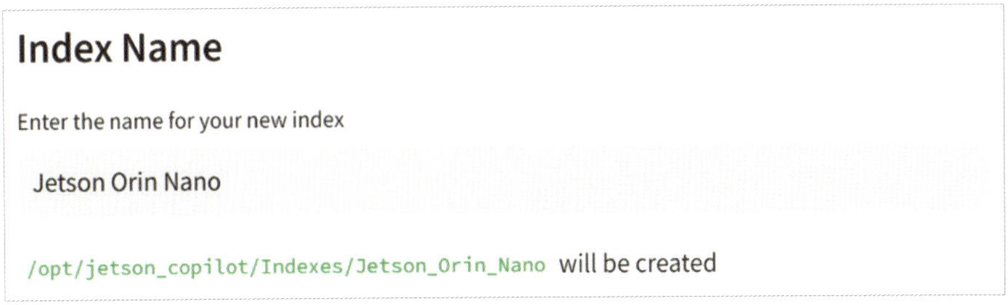

圖 6-26 指定索引路徑

接著請在 **Local documents** 底下的下拉式選單中找到方才建立的路徑，並存入指定文件，例如：`/opt/jetson_copilot/Documents/Jetson-Orin-Nano`。

完成之後會顯示該目錄下的文件清單，如下圖。

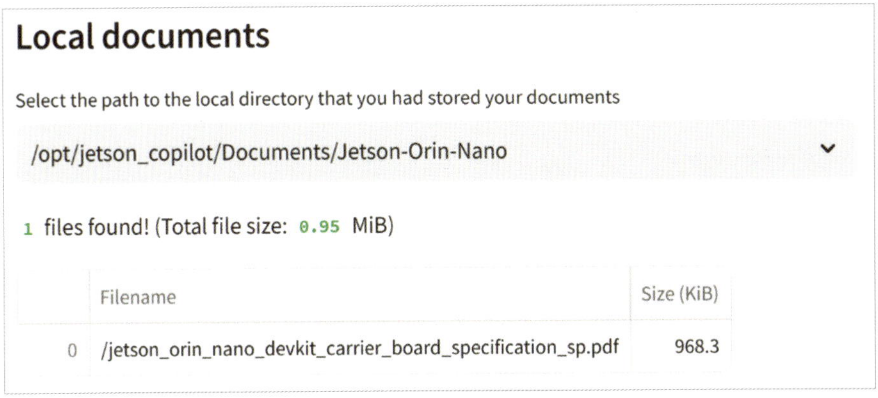

圖 6-27 本地端文件清單

您也可以在 **Online documents** 中填入所需的線上文件，如果有多份文件請換行輸入即可。

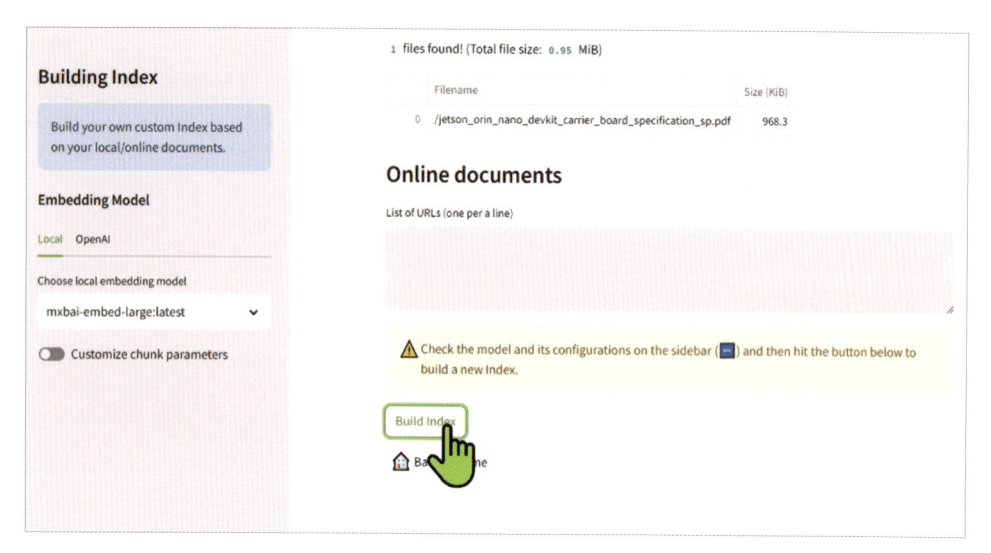

圖 6-28　填入線上文件

　　按下 **Build Index** 按鈕開始建置索引，會顯示相關進度。完成之後，會顯示該索引相關訊息以及建置所用時間，最後就能從左側的下拉式選單來選用這個索引了。

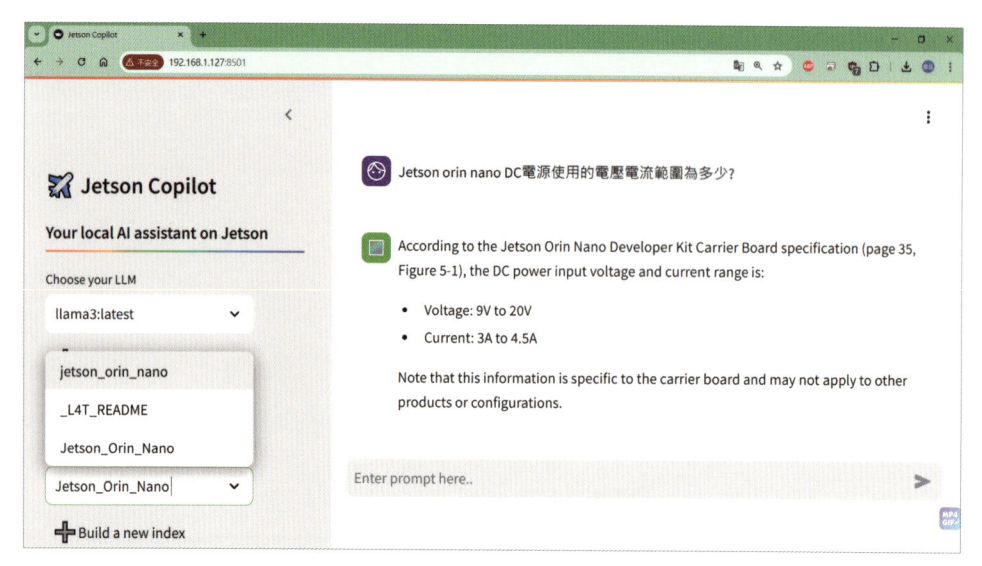

圖 6-29　選擇建置完成的索引

6.2.7 聲音

美好的音樂令人心曠神怡，聲音也是我們與這個世界互動的主要媒介之一。Jetson AI Lab 針對聲音的生成式應用提供了以下範例：

- OpenAI Whisper
- AudioCraft
- VoiceCraft

接下來要在 Jetson 上執行 OpenAI Whisper[30]，這是一款非常厲害的自動語音辨識預訓練模型。

所需軟硬體

可執行本範例的 Jetson 裝置：

- Jetson AGX Orin (64 / 32GB)
- Jetson Orin NX (16GB)
- Jetson Orin Nano (8GB)

JetPack 版本：JetPack 5 (L4T r35.x) / JetPack 6 (L4T r36.x)

儲存空間（建議使用 NVMe SSD）：

- 容器映像檔：6.1 GB
- 檢查點所需空間

執行

請輸入以下指令來啟動 `whisper` 容器：

```
jetson-containers run $(autotag whisper)
```

啟動之後請開啟瀏覽器並由以下網址進入其 Jupyter Lab 介面：
`https://<IP_ADDRESS>:8888`，別忘了由於本範例會存取麥克風，所以需使用 https 連線。

> \注意！/
>
> 請注意，是 https 不是 http。本範例需要使用 https（SSL）連線，才能讓 ipywebrtc 小工具取得的麥克風權限（用於 record-and-transcribe.ipynb）。

您應該會看到以下警告訊息：

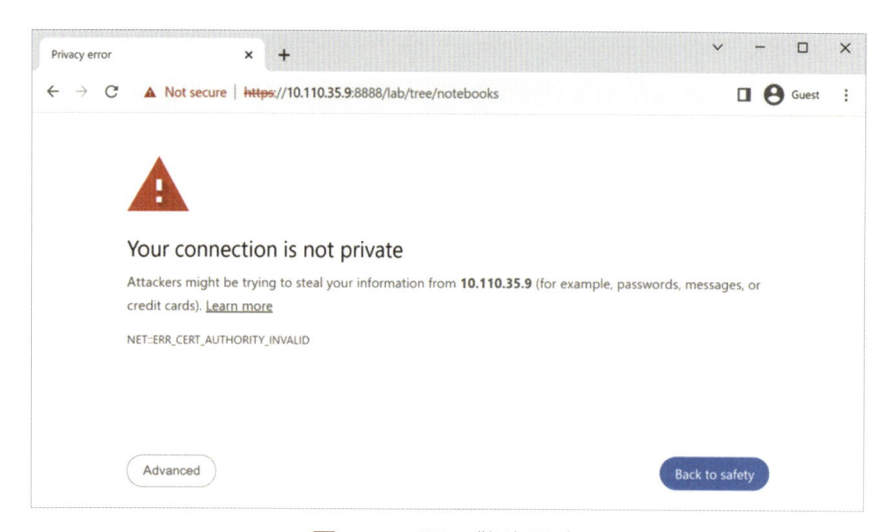

圖 6-30 顯示警告訊息

依序點選 **Advanced** 與 **Proceed to(unsafe)** 來進入 Jupyter Lab 介面。

執行 Jupyter notebooks

Whisper 準備好了 Jupyter notebook 範例，好讓您能夠更快上手，路徑為 `/notebooks/`。

本容器中還有另外一個很好用的筆記本檔（`record-and-transcribe.ipynb`），可直接錄製聲音檔再進行後續轉錄。

6-46

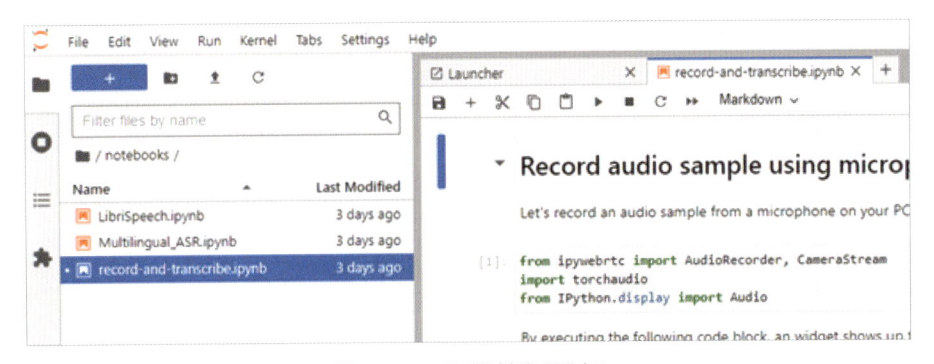

圖 6-31　教學範例路徑

record-and-transcribe.ipynb

　　這份檔案可藉由電腦內建或外接麥克風（例如 USB 網路攝影機的內建麥克風），再運用 Whisper 模型來轉錄聲音檔。這會用到 Jupyter notebook/lab 的 **ipywebrtc extension**，才能在網頁瀏覽器中來錄製聲音檔。

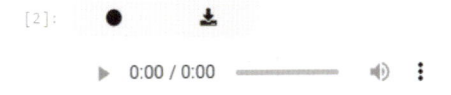

圖 6-32　/ 錄製聲音檔完成

注意：允許麥克風權限

　　點選圓形錄音按鈕時，網頁瀏覽器會詢問是否允許其對麥克風的存取權限，記得要允許否則無法使用喔！如果允許之後還是無法開啟，請點選警告符號來開啟完整設定頁面，並於其中確認相關權限是否都已開啟。

圖 6-33　允許麥克風使用權限

6-47

執行結果

順利完成上述步驟的話,應可看到文字轉錄結果,如下圖。

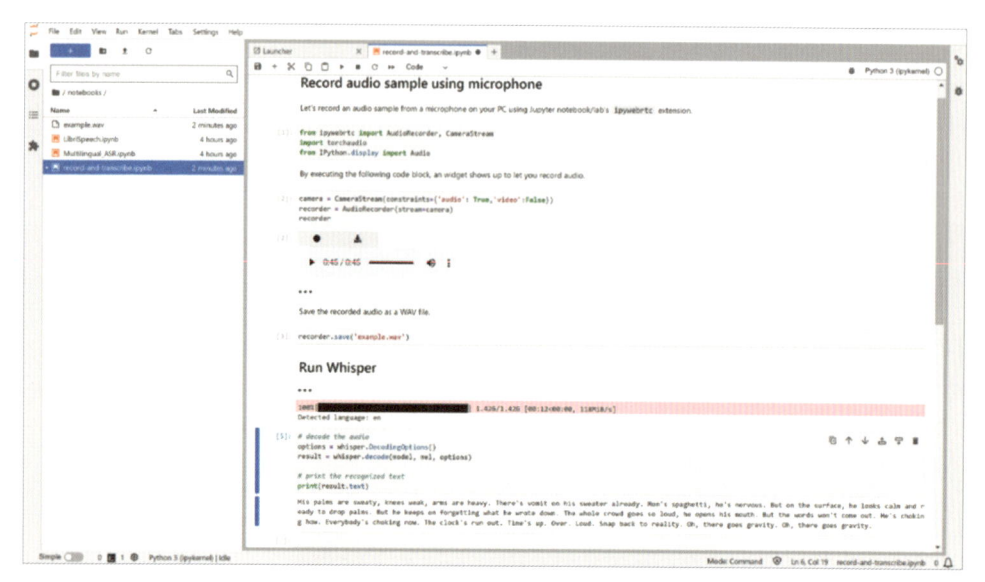

圖 6-34 將聲音檔順利轉錄為文字

6.2.8 Agent Studio

Agent Studio[31] 是一個整合型介面,方便您快速設計並實驗各種功能的自動化代理、個人助理和邊緣 AI 系統。簡單來說,這個介面是一個簡易操作的互動式沙盒,您可在其中串接各種多模態 LLM、語音和視覺 transformer、向量資料庫、提示模板、函數呼叫,並可介接實體感測器與 I/O 腳位。Agent Studio 已針對 Jetson 平台進行裝置端運算、低延遲串流與統一內存進行最佳化。

Agent Studio 的特色如下:

- 邊緣裝置的量化和 KV 快取推論(NanoLLM)

- 即時視覺 / 語言模型(類似 Live Llava 和 Video VILA)

6-48

- 語音辨識與合成（Whisper ASR、Piper TTS、Riva）

- 多模態向量資料庫（NanoDB）

- 音頻與影片串流技術（WebRTC、RTP、RTSP、V4L2）

- 效能監控與分析

- 可直接呼叫的各種原生函式與代理工具

- 可擴充的套件，並可自動生成使用者介面元件

- 保存、加載與匯出管線

所需軟硬體

可執行本範例的 Jetson 裝置：

- Jetson AGX Orin (64 / 32GB)

- Jetson Orin NX (16GB)

- Jetson Orin Nano (8GB)

JetPack 版本：JetPack 6 GA (L4T r36.x)

儲存空間（建議使用 NVMe SSD）：

- 容器映像檔：22 GB

- 模型所需空間：>5 GB

執行以下指令來啟動 Agent Studio，這會在 Jetson 上啟動一個 Agent Studio 伺服器，請用瀏覽器開啟這個網址：`https://IP_ADDRESS:8050`

```
jetson-containers run --env HUGGINGFACE_TOKEN=hf_xyz123abc456 \
  $(autotag nano_llm) \
    python3 -m nano_llm.studio
```

執行畫面如下圖，您可在其中針對 agent 的各種功能進行設定與測試。Agent Studio 提供了一個圖形化且模組化的工作環境，讓使用者可快速整合多模態輸入（如圖像）與語言模型的文字理解能力，再透過函數呼叫將 LLM 接入各式後端服務，形成一個可即時互動、可調整且可快速迭代測試的 AI 解決方案開發平台。

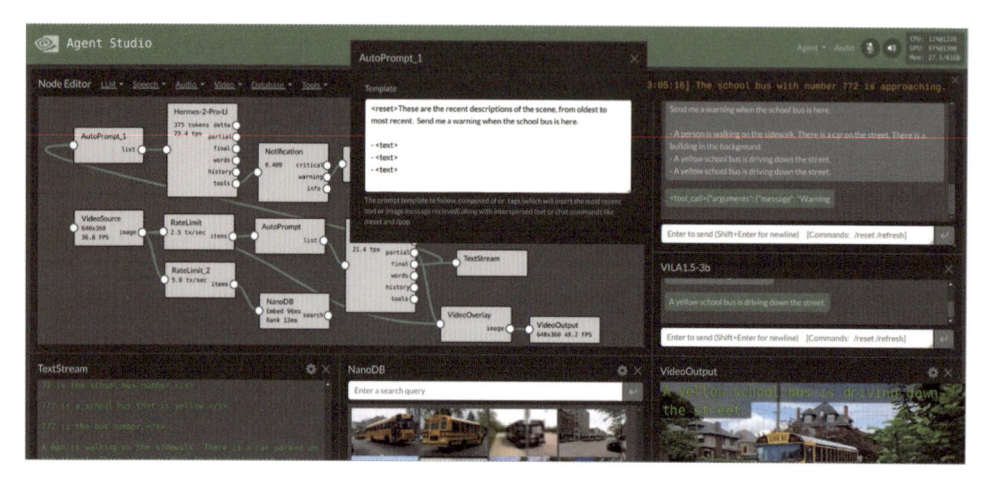

圖 6-35 Agent Studio 執行介面

Section 6.3 總結

本章是這本書的壓軸，也是整趟邊緣 AI 旅程的華麗謝幕。恭喜您探索 AI 的奧妙一路閱讀到這裡，結合 NVIDIA Jetson 平台的前沿技術，展示了如何在邊緣運算裝置中實現超越期待的可能性。這不僅是技術的結合，更是創意與實用的完美演繹。

回顧全書，我們從邊緣運算出發，從第 1 到第 3 章，您認識了 NVIDIA Jetson 平台由自身的強大運算能力所展現的可能性。您可直接在 Jetson 上執行諸多視覺相關的 AI 應用，NVIDIA 已經都幫各位打包好，非常方便。

第 4 章則是對距離精確度有高度要求的開發者，我們介紹了如何整合 Intel RealSense 與 Stereolab ZED 等景深攝影機，可讓機器人獲得高度準確的距離資訊。

第 5 章則是令人又愛又怕的 ROS2 機器人作業系統，愛當然是愛它的強大威力，怕則是其大名鼎鼎的難以安裝與調整。幸好，搭配 NVIDIA Isaac ROS 套件，這些事情變得輕鬆多了。您也在本章中看到諸多關於機器人運動控制、路徑規劃、障礙物迴避與感測器訊號分析等範例。

最後一章，也就是本章，向您介紹了生成式 AI 的基礎原理，從判別式與生成式 AI 的比較，再到具體應用的細節操作，一步步揭開這些技術的面紗。感謝 Jetson AI Lab 整合了超多範例，從文字生成的流暢對話，到圖像生成的藝術創作，再到多模態模型的強大整合能力。還不只這樣，Jetson 平台的強大運算能力讓這些生成式 AI 功能走出戶外，讓每一個範例都充滿了對技術未來的無限期望。

作為本書的壯麗終章，期待各位讀者結合自身的專業知識和對未來的遠見，創作出更有趣、更實用的專案，從智慧監控、機器人應用到個性化內容生成，期待您與我們分享喔！願本書成為每位讀者邁向創新巔峰的階梯，也希望它在技術進步的洪流中，為每一位探索者點亮方向。

這是 CAVEDU 2025 年的第一本書，我們也邁入了第 16 年，感謝您一路以來的支持與鼓勵，讓我們在這段精彩旅程中攜手迎接生成式 AI 更璀璨的未來！

邊緣 AI-- 使用 NVIDIA Jetson Orin Nano 開發具備深度學習、電腦視覺與生成式 AI 功能的 ROS2 機器人

作　　者：CAVEDU 教育團隊　曾吉弘 / 郭俊廷 / 楊子賢
企劃編輯：江佳慧
文字編輯：江雅鈴
設計裝幀：張寶莉
發 行 人：廖文良

發 行 所：碁峰資訊股份有限公司
地　　址：台北市南港區三重路 66 號 7 樓之 6
電　　話：(02)2788-2408
傳　　真：(02)8192-4333
網　　站：www.gotop.com.tw
書　　號：ACH024700
版　　次：2025 年 03 月初版
建議售價：NT$580

商標聲明：本書所引用之國內外公司各商標、商品名稱、網站畫面，其權利分屬合法註冊公司所有，絕無侵權之意，特此聲明。

版權聲明：本著作物內容僅授權合法持有本書之讀者學習所用，非經本書作者或碁峰資訊股份有限公司正式授權，不得以任何形式複製、抄襲、轉載或透過網路散佈其內容。
版權所有．翻印必究

本書是根據寫作當時的資料撰寫而成，日後若因資料更新導致與書籍內容有所差異，敬請見諒。若是軟、硬體問題，請您直接與軟、硬體廠商聯絡。

國家圖書館出版品預行編目資料

邊緣 AI：使用 NVIDIA Jetson Orin Nano 開發具備深度學習、電腦視覺與生成式 AI 功能的 ROS2 機器人 / 曾吉弘, 郭俊廷, 楊子賢著. -- 初版. -- 臺北市：碁峰資訊, 2025.03
　面；　公分
ISBN 978-626-425-019-1(平裝)

1.CST：人工智慧　2.CST：機器人　3.CST：電腦程式設計

312.83　　　　　　　　　　　　　　　114001773